岭南文化书系

潮汕文化丛书

潮州工夫茶话

曾楚楠　叶汉钟　著

暨南大学出版社

JINAN UNIVERSITY PRESS

中国·广州

图书在版编目（CIP）数据

潮州工夫茶话/曾楚楠，时汉钟著．—广州：暨南大学出版社，2011.8
（2023.11 重印）
（岭南文化书系·潮汕文化丛书）
ISBN 978 - 7 - 81135 - 784 - 4

Ⅰ.①潮…　Ⅱ.①曾…②时…　Ⅲ.①茶—文化—潮州市　Ⅳ.①TS971

中国版本图书馆 CIP 数据核字（2011）第 052084 号

潮州工夫茶话

CHAOZHOU GONGFU CHAHUA

著者：曾楚楠　时汉钟

出 版 人：阳　翼
责任编辑：陈绪泉
责任校对：杨海燕
责任印制：周一丹　郑玉婷

出版发行：暨南大学出版社（511443）
电　　话：总编室（8620）37332601
　　　　　营销部（8620）37332680　37332681　37332682　37332683
传　　真：（8620）37332660（办公室）　37332684（营销部）
网　　址：http：//www.jnupress.com
排　　版：广州市新晨文化发展有限公司
印　　刷：深圳市新联美术印刷有限公司
开　　本：787mm×1092mm　1/16
印　　张：9.875
字　　数：153 千
版　　次：2011 年 8 月第 1 版
印　　次：2023 年 11 月第 7 次
定　　价：52.00 元

（本书所涉个别图片，如属个人版权，见书后请函告出版社，以便支付薄酬）

岭南文化书系·前言

　　五岭以南，素称岭南，岭南文化即岭南地区的人民千百年来形成的具有鲜明特色和绵长传统的地域文化，是中华文化的重要组成部分。由于偏处一隅，岭南文化在秦汉以前基本上处于自我发展的阶段，秦汉以后与中原文化的交流日益频繁。明清以至近代，域外文化不断传入，西学东渐，岭南已经成为传播和弘扬东西方文明的开路先锋，涌现出了如陈白沙、梁廷枏、黄遵宪、康有为、梁启超、孙中山等一大批时代的佼佼者。在 20 世纪 70 年代末开始的改革开放的浪潮中，岭南再一次成为试验田和桥头堡，在全国独领风骚。

　　在漫长的发展过程中，岭南文化形成了兼容、务实、开放、创新等诸多特征，为古老的中华文化的丰富和重构提供了多样态的个性元素和充沛的生命能量。就地域而言，岭南文化大体分为广东文化、桂系文化、海南文化三大板块，而以属于广东文化的广府文化、潮汕文化、客家文化为核心和主体。为了响应广东省委、省政府建设文化大省的号召，总结岭南文化的优良传统，促进岭南文化研究和传播的繁荣，在广东省委宣传部的指导和大力支持下，暨南大学出版社组织省内高等院校和科研机构的专家学者编写了这套《岭南文化书系》，该书系由《广府文化丛书》、《潮汕文化丛书》及《客家文化丛书》三大丛书共 30 种读本组成，历史胜迹、民居建筑、地方先贤、方言词曲、工艺美术、饮食风尚无所不有，试图从地域分类的角度完整展现岭南文化的风貌和精髓。在编写过程中，我们力图做到阐述对象的个性与共性相统一，学术性与通俗性相结合，图文并茂，雅俗共赏。我们希望这30种图书能够成为介绍和宣传岭南文化的名片，为岭南经济和文化建设的再次腾飞提供可资借鉴的精神资源。

需要说明的是，本书系曾获批为2009年度"广东省文化产业发展专项资金"资助项目，在项目申报和丛书编写过程中，广东省委宣传部的领导多次给予指导，并提出了许多宝贵的意见；中山大学、华南理工大学、华南师范大学、广州大学、韩山师范学院、佛山科学技术学院、韶关学院、嘉应学院以及暨南大学的有关领导和专家学者也给予了大力支持和帮助，在此我们一并致以诚挚的谢意！

《岭南文化书系》编委会

2011 年 6 月 18 日

目　录

潮汕文化丛书

目录

一、工夫茶的含义

（一）作为茶叶品名的"工夫茶"

什么是工夫茶？

清代的蔡奭（字伯龙，生平事略未详）的《官话汇解便览》中对此有一条有趣的简释。该书是以浙江方言与官话一一对照的辞书，其上卷《饮食调和》中说：

　　○茶米　正——茶叶
　　○好茶　正——工夫茶
　　○幼茶　正——芽茶

词目之前加"○"符号的是方言，有"正"字的是官话。原来，工夫茶者，好茶之谓也。（有意思的是，"茶米"、"幼茶"的含义，竟与潮州方言颇一致）

显然，这里的"工夫茶"，指的是好茶叶。更明确的表述，是雍正年间崇安县令陆廷灿的《续茶经》中转引的《随见录》中的话：

武夷茶在山上者为岩茶……其最佳者名曰工夫茶。

清道光间梁章钜《归田琐记》亦说：

武夷茶名有四等：花香、小种、名种、奇种。名称茶山以下多不可得，得则泉州、厦门人所讲工夫茶。

董天工《武夷山志》卷十九亦云：

第岩茶反不甚细，有小种、花香、清香、工夫、松萝诸名，烹之有天然真味，其色不红。

而民国十一年（1922年）《福建通志·物产》引郭柏苍的《闽产录异》，则对这种"工夫茶"的制法有较详细的描述：

武夷寺僧多晋江人，以茶坪为业，每寺都请泉州人为茶师。茶采来后，又就茗柯择嫩芽，以指头入锅，逐叶卷之，火候不精，则色黝而味焦。即泉、漳、台、澎人所称工夫茶，瓯仅一二两，其制法则非茶师不能，日取值一镪。[1]

可见，"工夫茶"原是指岩茶中一个品位甚高的品种，而且其名称是由漳泉台澎人给叫出来的。

红茶中亦有一类属"工夫红茶"的品类，如祁门工夫、滇江工夫、闽红工夫、川红工夫等。

道光年间，曾在广州十三行做过生意的美国商人亨特在其所著的《广州"番鬼"录》中说：

茶的种类繁多，主要分为红茶、绿茶两类……红茶则包括武夷、工夫、小种和包种。

该书又言东印度公司贩运的"茶叶主要是武夷茶和工夫茶"。至于红茶何以称做"工夫茶"，这位洋商的解释是"做工者的茶"[2]。——由于文献中确实缺乏可资参照的材料，因而华文水平不太高的亨特只好望文生义地"直译"。其实，如按前引蔡襄所揭示的"工夫茶即好茶"的说法去解释，也许更合情理：既然好的岩茶叫工夫茶，好的红茶亦称为"工夫茶"又有何不可？

那么，为何岩茶"其最佳者名曰工夫茶"呢？前引郭柏苍《闽产录异》的那段话便可作解释。试想，"就茗柯择嫩芽，以指头入锅，逐叶卷之"，而且要把火候掌握得恰到好处，这该要花费多大的工夫，又该有多精湛的技艺？正如释超全《武夷茶歌》所说：

　① 以上各则均据吴觉农主编：《中国地方志茶叶历史资料选辑》
　② 黄光武：《工夫茶与工夫茶道》，载揭阳《潮学》总第4期，1995年7月

如梅斯馥兰斯馨，大抵焙得候香气。

鼎中笼上炉火温，心闲手敏工夫细。

茶师制茶时，心态要平和，手指要灵敏，又要不时照拂好鼎中笼上的火温，这种高超精细的工夫的确不同凡响，难怪他们每天可拿到"一锅（一银元）"的工值。而经他们用精细工夫制作出来的茶叶称为"工夫茶"，可谓实至名归。

其次，在梁章钜《归田琐记》中，"工夫茶"的等级虽列在"奇种"之下，但奇种"如雪梅、木瓜之类，即山中亦不可多得"，在武夷"三十六峰中，不过数峰中有之。各寺观所藏，每种不能满一斤，用极小之锡瓶贮之，遇贵客、名流到山，始出少许，郑重瀹之。"

亦就是说，奇种茶是武夷各寺观留以待客的珍品，基本不进入市场。就市面流通领域而言，"工夫茶"实为顶尖级的"极品"，再无出其右者。因此，"工夫茶"便成为"好茶"的代称。

（二）作为品茶习尚的"工夫茶"

1979 年版《辞源》谓：

[工夫茶] 广东潮州地方品茶的一种风尚，其烹治方法本于唐陆羽《茶经》。细白泥炉，形如截筒，高尺二三。壶用宜兴瓷，杯小而盘如满月。烹时先将泉水贮铛，用细炭煎至初沸，投闽茶入壶内冲之，盖上壶盖，再遍浇其上，然后斟而细呷，气味芬芳清烈。（见清俞蛟《潮嘉风月记》）

把工夫茶定性为"广东潮州地方品茶的一种风尚"，甚为公允精当，而从其释义中，我们亦可以用一句简短的话对工夫茶的含义加以概括：

用小壶、小杯冲泡乌龙茶的饮茶习尚，称为潮州工夫茶。

古云："名不正则言不顺。"界定了"工夫茶"的含义，才能防止出现将其内涵无限扩大的倾向，才能使有关"工夫茶"的各种学术探讨有一个明确的范围和准则。至于"工夫茶"的源流及具体程式，我们将在茶史、茶艺等篇章中予以阐析。

（三）"工夫茶"、"功夫茶"辨

上引《辞源·工夫茶》条释文的最后一句是：也作"功夫茶"，参见该条。

查该书［功夫茶］条，其释文为：即工夫茶。

清施鸿保《闽杂记》十云：

> 漳泉各属，俗尚功夫茶……以武夷小种为尚……饮必细啜久咀。详"工夫茶"。

1997年版《汉语大词典》〔功夫茶〕条则把二者合成一个条目，释文曰：

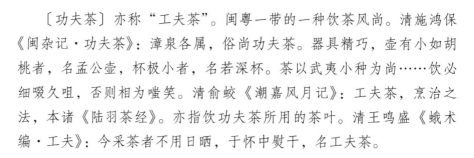

> 〔功夫茶〕亦称"工夫茶"。闽粤一带的一种饮茶风尚。清施鸿保《闽杂记·功夫茶》：漳泉各属，俗尚功夫茶。器具精巧，壶有小如胡桃者，名孟公壶，杯极小者，名若深杯。茶以武夷小种为尚……饮必细啜久咀，否则相为嗤笑。清俞蛟《潮嘉风月记》：工夫茶，烹治之法，本诸《陆羽茶经》。亦指饮功夫茶所用的茶叶。清王鸣盛《蛾术编·工夫》：今采茶者不用日晒，于怀中熨干，名工夫茶。

将上述释文与《辞源》相应条目作比较，有几点相异之处：《辞源》谓"工夫茶"也作"功夫茶"；"功夫茶"即"工夫茶"。显而易见，其立意是将"工夫茶"作为本名，而将"功夫茶"作为别名。《汉语大词典》则谓"功夫茶"，亦称"工夫茶"，将"功夫茶"作为本名。其次，《辞源》称"工夫茶"是"广东潮州地方品茶的一种风尚"，而《汉语大词典》则定性为"闽粤一带的一种饮茶风尚"。究竟以哪种定性为准，这一点将在"工夫茶的发祥地"中再行探讨，此处从略。至于王鸣盛《蛾术编》中所说的"于怀中熨干"的"工夫茶"，应属生晒茶中的一个特殊品属，与乌龙茶类的制法完全不同，将其视为"饮功夫茶所用的茶叶"，极不妥当。作为辞书，本应将其归入［工夫茶］条目中并另立义项，表明其为茶叶名。

"工夫茶"和"功夫茶"都能在文献中找到依据，当今之世，二名并存，亦是不争之事实。但问题是，同一事物而有两种名称，在实际应用时，难免会带来不少混乱与麻烦。比如要成立协会一类的团体或召开相关学术会议，协会名或会议名称该用"工夫茶"还是用"功夫茶"呢？这绝不是无谓的文字纷争，更不宜以"无聊的文字游戏"等闲视之，因为一字之辨，关系到对"工夫茶"的定位、定性以及评论等问题。

普通话中，"工"、"功"同音，以致《现代汉语词典》把［工夫］、［功夫］合为一个条目，其释义为：①时间（指占用的时间）；②空闲时间；③〈方〉时候；④本领；造诣。共四个义项，但又声明："注意①②③多作'工夫'，④多作'功夫'。"（既有差别，又将二词合而为一，如此处理是否恰当，此处姑且不论）但以上的释义，却难以涵盖潮州方言的"工夫"一词。

潮州方言中，"工"（gāng，读如"刚"）与"功"（gōng，读如"攻"），读音截然不同，"功夫"与"工夫"的含义亦不一样。"功夫"指本领、造诣（与现代汉语相同），如唱功、扇子功。"工夫"则指精细，如言"某某人过工夫"，意思是某人为人处事十分精细、周到，这里的"工夫"就绝对不能用"功夫"代替，其道理就像"工笔画"不能说成"功笔画"一样。

作为茶道，"工夫茶"含有器具精巧、方式方法精致、物料精绝、礼仪周全等物质与精神的多种因素，因此，以"功夫"指称作为品种名的茶叶尚可，用来指称工夫茶道则难免以偏概全。更主要的是，命名一般都以初始名为准，此即所谓的"名从主人"的原则。俞蛟生于乾隆十六年（1751年），是乾隆朝的监生，《潮嘉风月记》是他于乾隆五十八年（1793年）任广东兴宁典史时所写的笔记。施鸿保是道光四年（1824年）的秀才，《闽杂记》成书于咸丰八年（1858年），两者年次相差60多年。《潮嘉风月记》［工夫茶］条，是为茶学界所公认的有关"工夫茶"的最早记录，亦即是说，"工夫茶"是初始名，理宜作为命名的依据。（《辞源》［工夫茶］释义最后一句是"也作'功夫茶'"，正体现了"名从主人"的原则）

在"工夫茶"的发祥地却连"工夫"与"功夫"都分不清，这种称呼混乱的状况亟待改变，因特作辨析如上。因此本书从书名到各节内容，亦概用"工夫茶"而不用"功夫茶"。

二、茶史篇

（一）潮人饮茶史话

堪称全国之最的饮茶量

宋代的王安石在《议茶法》中曾说："夫茶之为民用，等于米盐，不可一日以无。"（《临川集》卷70）北宋人李觏亦在《富国策第十》中说："茶……君子小人靡不嗜也，富贵贫贱靡不用也。"（《盱江集》卷16）而从元代即已出现的民谚："早晨起来七件事，柴米油盐酱醋茶"，更是形象地说明了：茶，是人们日常生活中不可或缺的必需品。

但是，古人的饮茶量有多少呢？历代文献中却很少记述。

乾隆三十四年（1769年）《国朝宫史·宫制》谓：

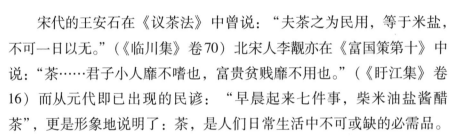

皇上每天用茶七十五包，皇后十包，皇子八包，妃嫔五包。

每包有多重，书中没说。即使是按潮汕人以前买茶论"泡"，每泡约2.5钱计算，皇家人的用茶量也真够大。不过上面讲的只是供应标准而已，绝非实际饮用量。乾隆爷要是每天真的喝75包的话，不被茶醉倒才怪呢。

浙江湖州是我国的古茶乡之一，亦是茶圣陆羽创作《茶经》的地方。据王玲《中国茶文化》一书介绍："处于东苕溪的德清县三合乡的村庄，如上杨、下杨、三合几村，仅750户人家，3800人口，每年每户平均饮茶可达2.84公斤，人均年喝茶1015碗。"

另据孔宪乐《中外茶事》所载："英国有80%的人饮茶，日人均饮茶3.56杯，年人均饮茶3公斤。""1982年世界茶叶人均年消费量为 0.41 公斤，我国为 0.26 公斤。"

潮人喝茶向以"焖茶饣（biàn，潮音〈波温 7〉，指干饭）"著称，正如漫画家方成在题画诗中所说的："此间喝茶讲工夫，大把茶叶塞满壶。"如果以每家每日二泡茶（半两）计，潮人每户月耗茶 0.75 公斤，年消费量 9 公斤，如果再加上商店、酒家、茶馆、工场以至办公场所的用度，称潮人饮茶量为"全国之最"，看来尚不至于言过其实。

此间喝茶讲工夫，大把茶叶塞满壶。
初尝味道有点苦，苦尽甘来好舒服。
（1991 年漫画家方成画并诗）

1957 年夏，潮剧艺人到广州演出，宿二沙头，甫卸行装便围炉泡工夫茶。
（范泽华摄，据郭马风《潮汕茶话》）

1996 年，茶乡浙江德清县的茶业专家蔡泉宝到广东汕头市调查茶事后，曾在《农业考古·中国茶文化专号》上发表了《浓浓工夫茶，悠久潮汕情——汕头茶事掠影》一文，文谓：

据业内人士介绍，80 万汕头市区人，年均户吃乌龙茶 12 公斤，以三口一家计算，人年吃茶叶 8 市斤多，这比英国人要多吃二成，为（中国）大陆人年均吃茶量的 15 倍多。所以，汕头人吃茶量和讲究冲泡质量，不仅是中国冠军，而且也属世界冠军。

是否属"世界冠军"，尚有待更权威的统计数据来证实。但在潮汕地区，"全民皆茶"却是个不争的事实。

郭子章"潮俗不甚用茶"平议

明万历十年（1582 年），潮州知府郭子章在其《潮中杂记》卷十

二 《物产志》中说:

> 潮俗不甚用茶,故茶之佳者不至潮。惟潮阳间有之,亦闽茶之佳者耳,若虎丘、天目等茶,绝不到潮。

顺治十八年(1661 年)由知府吴颖主修的《潮州府志》亦袭用其说,在《物产考》中云:"潮俗不甚贵茶,佳者多不至。"此后的地方志书,亦多陈陈相因。

潮俗是否"不甚用茶"?由于事关潮人饮茶史,故亟有一议之必要。

"不甚用茶"有两层意思:一是指喜爱饮茶、茶事活动普及的程度,意谓"潮俗不怎么爱用茶";二是指饮茶的品位,意谓"潮人不擅于饮好茶"。

总之,不管从哪一方面看,郭知府对其时潮地茶俗,颇不以为然。如

明郭子章《潮中杂记》书影

果联系下文"故茶之佳者不至潮"来看,"潮俗不甚用茶"的本意显然是倾向于第二层意思,即"潮人不擅于饮好茶",因而生发出"没有好茶饮,不会饮好茶"的感慨。

好与会,对茶叶与饮茶来说,其实很难定出一个明晰的标准。俗话说得好,萝卜青菜,各有所爱。有人爱喝绿茶,有人爱喝红茶,亦有人爱乌龙茶,你能说谁会谁不会?硬要从中评出个是非高下来,则难免带上党同伐异的主观色彩。

郭子章是江西泰和人,泰和属绿茶产区,所以他心目中的"茶之佳者",自然是绿茶类的名品虎丘、天目等。何况,明代的武夷茶不受士大夫欢迎,几乎成为一种社会习尚。

宋代的武夷茶区,是贡茶的主要生产基地。徽宗宣和年间,在建安当官的郑可简别出心裁,用"银丝水芽"(即极嫩之茶芽心)制出了"龙团胜雪"。这种茶,"每片计工值四万",武夷北苑贡茶的地位,可谓至高无上。到了元代,名相耶律楚材在《西域从王君玉乞茶因其韵》诗中还有过"积年不啜建溪茶,心窍黄尘塞五车。碧玉瓯中思雪

浪，黄金碾畔忆雷芽"的描述，可见武夷茶在元代仍有极大的知名度和影响力。但从明洪武二十四年（1391 年）朱元璋下旨停止进贡团茶，"惟令采芽茶以进"之后，饼茶衰微，散条形茶崛起，以生产"龙团凤饼"著称的武夷茶区，亦许是一时尚未适应转型生产的时代潮流，且转产的散茶亦未能摆脱研末饮用的旧框框，武夷茶的地位急转直下，正如弘治年间文渊阁大学士邱浚在《大学衍义补》中说的：

> 《元志》犹有末茶（即团茶）之说，今世惟闽、广用末茶，而叶茶之用，遍于全国，而外夷亦然，世不复知有末茶矣。

因此，重绿茶而轻末茶，已成为当时"派头"。

民国十一年（1922 年）《福建通志》［河渠书］引明代王世懋《九鲤湖记略》云：

> 闽山奇胜者，无如九鲤湖。余参闽政守莆……至水晶宫……水如玉雪可餐。囊中偶携吴中天池茗，命汲水烹之，色味俱绝。

到茶乡当"父母官"，却随身携带吴中天池茗，显然，这位王参政对闽茶亦不屑一顾。

清初任福建布政使的周亮工在《闽小记》中说：

> 前朝（按，指明朝）不贵闽茶，即贡者亦只备宫中浣濯瓯盏之需。

> 秣陵（南京）好事者，尝诮闽无茶。……闽客游秣陵者，宋比玉、洪仲韦辈，类依附吴儿，强作解事。贱家鸡而贵野鹜，宜为其所诮软！

明代的闽省贡茶，竟沦落到贱如洗涤剂的地步，往昔之堂堂茶乡，竟被"秣陵好事者"讥诮为"无茶"，竟使福建士子亦为之语塞或随声附和，以致原籍为河南祥符（今开封）的布政使周亮工要对那些"贱家鸡而贵野鹜"的"闽客"予以谴责，严正表达了自己反对盲目追逐潮流的公允、务实的态度。

总之，郭知府"潮俗不甚用茶"的观点，既是时代习尚使然，亦多少带有一些门户之见。后来袭用其说的顺治潮州知府吴颖，刚说完

"潮俗不甚贵茶，佳者多不至"之后，马上接着讲"今凤山茶佳，亦云待诏山茶，可以清膈消暑，亦名黄茶。同年戴云门每年以觔（斤）许见贻，正苦不多得耳"。自己管辖的地区就有"正苦不多得"的好茶，却仍要说"潮俗不甚贵茶"的套话，心喜之而口厌之，正可反证郭说之偏颇。

郭子章的叔父郭春震在嘉靖二十六年（1547年）出任潮州知府时，曾主修《潮州府志》。该书卷三《田赋志》中已明言：饶平县每年须贡"叶茶一百五十斤三两，芽茶一百八斤三两"。两项相加近二百六十斤，占明代贡茶总额年四千余斤（据《明史·食货志》）的0.65%，数量已颇为可观。饶平县是当时潮州府属下唯一须贡茶的县份，可见该项"茶贡"已不是与租赋一样按县分摊的"常课"。这说明饶平的茶叶生产已具有相当的规模、水平与知名度，而任何门类的生产又总是以社会需求为前提，在尚未发现能支持"饶茶外销"的文献之前，我们可以这么说，饶平茶的消费市场主要是在潮州本土。因此，说"潮俗不甚用茶"，如果指的是饮茶的普及程度的话，亦不符合当时的潮州社会实际。

值得一提的倒是郭子章所说的"惟潮阳间有之，亦闽茶之佳者也"这句话。潮阳县濒海，由海路批运闽茶进境且成为集散地，顺理成章。由此可见其时潮人嗜饮闽茶，与北地之重绿茶大异其趣。这倒从反面揭示出这样的信息：潮州能成为以冲泡青茶（闽茶）为主要标志的工夫茶的发祥地之一，理有必然。

历代潮人的饮茶习尚

《永乐大典》卷五三四三引《三阳图志》云：

产茶之地出税固宜，无茶之地何缘纳税？潮之为郡，无采茶之户，无贩茶之商，其课钞每责于办盐主首而代纳焉。有司万一知此，能不思所以革其弊乎？

这段话原是针对潮州每年须交纳茶税的不合理税规而抒发的、带有偏激情绪的议论，但因为它是见诸地方志籍的官方记载，所以容易给人以"宋元两代潮州无茶"的印象。

其实，古人所说的"有茶"、"无茶"，往往是指名茶而言。前引

周亮工《闽小记》就说过，以盛产茶叶的福建，不是还被人讥诮为"无茶"吗？所以，我们不能惑于文献中的只言片语而轻易断定某地之有茶与无茶。

更主要的是，"茶之为利甚博，商贾转致于西北，利尝至数倍"。（《宋史·食货志》）正因为利厚，又是事关边塞贸易、维系邻国关系的重要物资，所以从宋初开始，茶与盐一直由国家专管榷卖，京师设有榷货务，各路（相当于后来的"省"）设常平茶盐司，又有官方直管的山场，隶属于山场的采茶户，谓之园户。茶商则须向官方申领茶引后方能从事茶叶买卖。然而，翻开《宋史·食货志》一看，两宋时期茶法的变易，令人眼花缭乱。政府与民争利，且朝令夕改，故茶户、茶商时有不堪重负之叹。

宋高宗时，"茶之产于东南者，浙东、西，江东、西，湖南、北，福建，淮南，广东、西，路十，州六十有六，县二百四十有二"。（《宋史·食货志·茶》）潮州是否在其列，已难考证。但潮州非重点茶区，亦无山场之设置，则完全可以肯定。《三阳图志》所说的潮州"无采茶之户，无贩茶之商"，应是指这种情况，而不是说宋代潮州"无茶"，不然的话就无法解释：为何凤凰山乌岽顶上，至今仍有成片的宋茶树、古茶林？因此，我们可以这么说，宋代的潮州已有茶叶的种植与生产，但生产模式尚未完善，尚未形成专业化、规模化的局面。

何况，产茶与饮茶是两个不同的概念。塞外不产茶，但各少数民族的饮茶风气丝毫不比中原地区逊色。同理，即使中古时期的潮州制茶业尚未形成规模，亦不等于说其时的潮人不饮茶。

说起潮人的饮茶习尚，人们自然会联想到曾被贬来潮州的两位唐代宰相——饮茶专家常衮和李德裕。

宋初的张芸叟在《画墁录》中说：

> 唐代茶品，以阳羡为上，其时福建之建溪、北苑尚不知名。贞元中，常衮为建州刺史，始蒸焙而研之，谓之膏茶，其后始为饼茶，贯其中，故谓之"一串"。

可见，常衮是一位既善饮茶又善制茶的"茗中仙"。大历十四年（779年）即常衮转任福建观察使的前一年（衮于建中元年移任，上文谓"贞元中"系误记），他已被贬为潮州刺史。贬潮期间，他犹有游

金山、题"初阳顶"的雅兴（见明代薛雍《金山读书记》），推想起来，这位"茗中仙"应无"戒茶"之举。常衮又是佛教密宗的忠实信徒，当时的潮州开元寺正是密宗信徒主持寺政（大雄宝殿前今存石经幢可作旁证），而密宗赞呗的"十供养赞"中，"茶赞"即为其一。陕西法门寺地宫出土的一批精美绝伦的茶具，正说明茶在宫廷文化生活和密宗仪轨中的重要地位。因此，不管开元寺原来的茶风如何，常衮的到来，应该是对该寺以至潮州的饮茶习俗产生积极的影响。

李德裕亦是一位嗜茶且对烹茶用水极其讲究的宰相。据唐代无名氏《玉泉子》所载，他最喜欢饮惠山泉，特地叫人从江苏无锡直至长安设"递铺"（类似驿站的专运机构），为他运送惠山泉水。宋代《太平广记》中，亦有关于他派人到长江的金山附近汲取中泠水煎茶的记载。大中元年（847 年），李德裕被贬为潮州司马，再想享用惠山泉、中泠水自然是不可能了，但以他贵胄子弟的习性，为煎茶而不惜对州城附近的山泉进行一番考察并传授潮人择水、烹茶知识的可能，似乎亦不能排除。

不过，上面的推论只能是"想当然"式的猜测而已，更具说服力的证据，还须仰仗有据可考的文献记载。

潮州金山南麓，有一面残存的石刻，上刻北宋大中祥符五年（1012 年）"潮阳县主簿兼令尉（下阙）"书写的步和潮州知州王汉的《金城山诗》，在能辨认的残文中，竟有"茶灶香龛平"的诗句。[1] 茶灶，是烹茶煮水用的火炉。这一近千年前的石刻，是目前可看到的关于潮州茶事的最早记录。淳熙二年（1175 年），朱熹曾为武夷茶灶石亲手书写"茶灶"二字，并题写了"仙翁遗石灶，宛在水中央。饮罢方舟去，茶烟袅细香"的诗句。[2] 但与潮州金山麓"茶灶香龛平"的石刻相较，已晚了 163 年。

北宋元丰年间（1080—1084 年），苏东坡在黄州，他的好友、潮州前八贤之一的高士吴复古（子野）给他寄去一些建茶，东坡在《与子野书》中说：

寄惠建茗数品，皆佳绝。彼土自难得，更蒙辍惠，惭悚！惭悚！

---

① 参见黄挺、马明达：《潮汕金石文征》，广东人民出版社 1999 年版，第 10 页
② 《朱文公文集》卷九

岭南文化书系  潮州工夫茶话

O12

彼土，指福建，意谓所寄的茶叶即使在福建亦不易得到。简短的几句话，既道出了他们之间深厚的友情，亦说明了在品茗方面，潮州高士吴子野的鉴赏力起码与苏东坡处在同一水平线上，所以才赢得"皆佳绝"的赞誉。

宋徽宗政和八年（1118年），亦属潮州八贤之一的张夔在步和潮州知州徐璋《送举人》的诗中有云：

银钩健笔挥颜书，燕阑欢伯呼酪奴。

欢伯，是酒的别称（《易林》："酒为欢伯，除忧来乐。"）；酪奴，是茶的谑号（《洛阳伽蓝记》载：南朝齐的王肃初入北魏，不食羊肉及酪浆，常食鲫鱼羹，渴饮茗汁，曰："羊比齐、鲁大邦，鱼比邾、莒小国，惟茗不中，与酪为奴。"）。燕，通"讌"，即宴会。"燕阑欢伯呼酪奴"，意思是：宴会已近尾声，酒亦喝得差不多了，主人和来宾都催着上茶。这七个颇为费解的字，却透露出这样的消息：潮汕一带今天仍在践履的、宴席中间必品茶的程式，早在北宋时即已形成。

潮州西湖山后原有一景点叫蒙泉，旁有蒙斋。光绪《海阳县志·金石略一》载斋旁有"濮邸题名"石刻，文曰：

淳熙丙午中秋，濮邸赵中德具伊蒲游蒙斋，同光孝莹老……登卓玉，上深秀，汲泉瀹茗，步月而归。

淳熙丙午即淳熙十三年（1186年），赵中德（他是宋朝宗室）和光孝寺住持莹老等游览名区、汲泉瀹茗，流连忘返，入夜才步月而归。事后又特刻石志游，可知当日品茗赏游之乐。

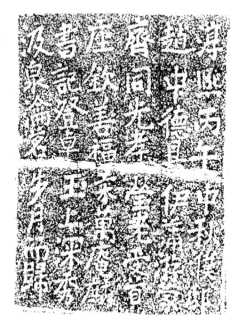

宋赵中德《濮邸题名》石刻拓片

元代潮州路总管王翰《游灵山》诗中所说的"释子不眠供茗碗，幽人无语对棋枰"，则是品茶的另一种境界：促膝于幽深静谧的午夜，细敲棋子，慢赏香茗，在悠悠的棋趣和阵阵茶香中去体味平和、清淡的人生。

饮茶，作为高雅的生活享受，自然会受到士林骚客的青睐。明嘉靖状元林大钦的《斋居》云：

> 扫叶烹茶坐复行，孤吟照月又三更。
> 城中车马如流水，不及秋斋一夜情。

在状元公看来，与扫叶烹茶、对月吟诗相比，车水马龙般的各种应酬，简直是俗不可耐。而同样借茶以寄清兴、抒怀抱的诗作，在潮人诗文集中，可谓比比皆是。例如：

> 汲泉煮茗留僧话，种竹生林引凤吟。
>
> ——成化庚子举人陈理《山家》
>
> 草堂愁暑雨，诗到思翻凉……
> 君过茶为酒，何须问醉乡。
>
> ——万历进士、户部侍郎林熙春《和德进、端一纳凉见怀之作》
>
> 睡觉忽惊人扑户，传书惠我月团茶。
>
> ——正德隐士薛暄《隐居杂兴》

明、清易代之际，士人苦于回天无力、报国无门，多寄情于诗酒茶会。崇祯七年进士、国变后入山不仕的罗万杰在《瞻六堂即事诗》中说："营生药灶茶灶，得意花边竹边。时强闲人说鬼，亦随醉客谈禅。"居然把熬药、烹茗当成每天的功课。同样不肯出仕的举人陆汉东则有如闲云野鹤，寄迹红尘，其《封城关晤蕴上人》曰："汰虑归香茗，谁歌行路难？"《己丑小除感怀》云："狂来欲劝天倾酒，友过常呼婢捧茶。"《留别余介石》云："辨帖窗间浮墨海，披帷檐外响茶铛。"甚至入山《访邹嵋史不遇》时亦"樵子呼茶出，徘徊望野垌。"

入清以后，随着社会的逐步稳定，文人圈中的茶事活动更加频繁，反映在诗文中与茶事有关的词句更是屡见不鲜，其中，陈衍虞这一诗学世家几代诗人的作品尤为典型。例如：

> 曾无竹肉消闲况，但与茶香洁净因。
>
> ——陈衍虞《己亥元旦》

愁值上元雨，空山静掩扉。

茗烟轻冉冉，香缕细霏霏。

——陈衍虞《元日值雨同雪樵上人作》

坐到忘年处，茶烟一缕腾。

——陈珏《晦夜》

琴边坐月心俱冷，竹里烹茶话亦幽。

——陈珏《旸山即事有感》

烹茶课仆烧松子，沽酒留宾饱芥孙。

——陈艺衡《秋题浣月亭》

应门但遣餐芝鹤，煮茗频呼拾叶僧。

——陈周礼《题隐居》

山村潇洒俗人无，茶碗诗囊日日俱。

——陈周礼《山居》

比起士林人士来，寺观僧道的茶事活动亦毫不逊色，而且供茗待客，看来已成规程。明正统七年（1442 年）潮阳教谕周泰的《治平寺》诗谓："僧童煮茗烧红叶，游客题诗扫绿苔"，真切地反映了寺院中清高超俗的茶诗会之情趣；崇祯壬午（1642 年）举人陈衍虞的《同罗乃远行春郊至野寺小憩旋买棹归石湖》云："山僧似喜骚人来，忙涤茶铛烧榾柮"，更把山僧以茶饮会文士的情状作了生动的描绘。正因为客来待茶已成为僧人"功课"之一，所以当明洪武五年（1372年）举人、潮阳人周碏到治平寺，面对"法堂苔满"、"茶鼎烟寒僧落寞"的境况，难免嗟叹而踟蹰。（《治平寺》）而明初潮阳人庄呈龟《游灵山》诗则有"山僧未见供茶茗，野鸟先闻奏管弦"之句，似乎对僧众之怠慢啧有微辞。

戏曲是对现实生活的直接反映。"舞台小天地，天地大舞台"，古今中外，莫不如此。所以，借助传世的戏曲文本，我们往往能还原出其相应时代的社会形态，特别是底层社会的生活情景。

20 世纪 70 年代在潮州西山溪工地出土的明宣德七年（1432 年）写本《刘希必金钗记》，其第七出中写刘希必上京赴考前对妻子的嘱咐：

双亲全靠贤妻朝夕奉侍，依时莫误茶汤甘旨，依时莫误茶汤甘旨。

而在第八出中，妻子的回答则是：

父母娘行早晚侍奉茶汤，愿得官人衣锦归还。

夫妻两人都把"侍奉茶汤"视为孝敬父母的大事，以致在依依惜别之际，丈夫要一而再地交代。值得注意的是，丈夫嘱咐时强调"依时"，妻子回答时则表明自己会"早晚侍奉茶汤"。可见，早在五百多年前的明代中叶，即使是一般的士庶之家，早、晚用茶已成风气。

再看嘉靖本《荔镜记》第三十五出［闺房寻女］：

［大迓鼓］（丑）：日上东廊照西廊，不见五娘起梳妆，不见陈三起扫厝，不见益春点茶汤。

万历版《摘锦潮调金花女大全》［金花挑绣］：

［驻云飞］（旦）：早起正了时，打叠煮眠起。尽日听候不敢放离，安排茶汤，收拾床共椅。

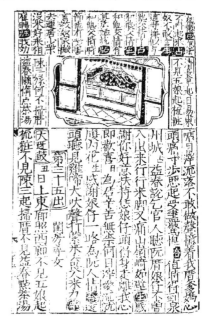

嘉靖本《荔镜记》书影

显然，在明代中期，饮茶已成为潮人生活中不可或缺的内容。从家道殷实者到一般的小康之家，不论男女，早上起床必"点茶汤"。其重要性简直就像叠床扫地"煮眠起"（潮语"做早饭"）一样。

供奉茶汤，不但是服侍长辈的重要环节，而且还是祭祀神祖必不可少的礼仪。《南齐书·武帝纪》载齐武帝的遗诏曰：

我灵上慎勿以牲之祭，惟设饼、茶饮、酒脯而已。天下贵贱，咸同此制。

从此，灵前设饼食、茶饮的习俗亦传至潮州。

嘉靖本《荔镜记》第三十四出，夫人唱：

十五天正光，每月十五供养茶汤，伏事上祖乞人传。（按，"传"字潮语读"堂"，意谓祖先保佑，使香烟能世代相传）

万历版《苏六娘》［苏妈思女桃花］：

（占）……临危时天丁祝简。（按，"简"意同"因"，丁祝，意谓叮嘱孩子）

（妈）丁祝乜？

（占）我有爹妈无人映（按，意同"照"，即照应），早晚茶汤买失时。

明代潮州习俗，每月十五须祭祀祖先，而祭品中必具茶汤。这一习俗，在上引戏文中得到充分体现。

同样地，从戏文中我们亦可以看到，客来奉茶，亦是潮人待客之仪规之一。

万历版《金花女大全》［借钱往京］：

（公）小妹请坐，你做不使人先来共我呾（按，同"说"），待我好叫人去接来唠。

（旦）阿兄，我是轿来。

（公）讨茶来食。

妹妹已出嫁，回娘家时便等同于客人，所以作兄长的要叫人奉茶相待。

万历辛巳（1581年）版《荔枝记》第八出：

（公白）原来是媒姨，老汉失接，小七，端椅坐，讨茶食。

媒婆上门说亲，主人亦赶紧奉茶。嘉靖版《荔镜记》第十九出［打破宝镜］写陈三乔装磨镜匠至黄五娘家，婢女益春马上点茶，对陈三说：

人客，茶请你。

同样的情节，万历版《荔枝记》第十七出写得更具体：

（春白）师父，钟茶待恁（按，同"你"）。

（生白）小妹，阮（按，同"咱"）做工夫人，夭（按，同"怎"）有茶食？

（春白）阮只处见贵客来，都有茶食。

郡城中如此，府属县邑乡镇亦如此，特别是在人烟稠密的城镇。据《泗水周氏宗乘·世传考》所载，其峡山十三世希程公"生当鼎革（按，即明清易代之际），城邑扰乱，公巧以峡山为祖考退休之地而迁居焉……生平嗜烹茗，乐清逸，耄耋之年康健犹壮"。正因为嗜茶成风，故不少僧人还在乡镇集市广设摊点施茶，作为修缘行善的途径。据杨启献主编的《庵埠志·宗教篇》，相传明代有僧人成安佩常在海阳县龙溪都（今潮安县庵埠镇）官路堤顶涵闸旁施茶，家住许垅的庄典常到此品茶。弘治年间庄典登进士第，时成安佩已去世，庄典因建"赐茶庵"以资纪念。

明万历间陈天资的《东里志·风俗志》［婚礼］云：

> 亲迎三日、四日及遇俗节，女家下米食面粿于婿家，今不用，惟茶果可也。

而在订婚后之聘礼中，"三等之下，聘酒一坛、鹅一只、布二尺、茶一盅"。可见，茶礼在婚俗中亦是必不可少的角色。

综上所述，我们可以清楚地看到，从宋代以来，特别是明代中叶以后，饮茶之风已遍及潮州城乡的各个阶层和各种领域，已有着广泛、坚实的社会基础：家居自斟、客来礼敬、祭祖祀神、婚丧嫁娶……到处都飘着茶的幽香，到处都有茶的身影。茶可以满足人们生理和社会生活的各种需求，并已从有闲阶层的专利圈中迅速地走向全社会。另外，茶风的昌盛又刺激、推动了茶叶的种植和加工，逐步改变了"潮郡无茶"的局面。这些都说明，郭子章所谓的"潮俗不甚用茶"的论点，除了揭示其时潮人不喜绿茶这一点之外，根本不能作为探究明代潮州饮茶习尚的依据。

亦正因为茶风的昌盛，潮州之所以能成为工夫茶的发祥地之一，可谓其源有自。

（二）中国饮茶史概说

工夫茶道的形成，取决于三个基本前提：瀹饮法；乌龙茶；工夫茶具。此三者，缺一不可。

因此，在探索工夫茶的源头之前，有必要对我国的茶史，特别是瀹饮法的产生，作点简略的回顾。

从食茶到喝茶

中国是茶的故乡，云南、四川是茶的原产地。陆羽《茶经》谓："茶者，南方之嘉木也，一尺、二尺乃至数十尺，其巴山、峡川有两抱者。"1961 年，在云南勐海县巴达公社的大黑山，海拔约 1 500 米处，发现了一棵高 32.12 米的大茶树，树围达 2.9 米，经测定，该树树龄约 1 700 年，是迄今为止世界上发现的最大的茶树。它印证了陆羽的描述，亦平息了自 18 世纪后期萌发的茶的原产地在印度还是中国的纷争。

茶有许多名称，如荼、槚、蔎、茗、荈等。其中，称"荼"的最常见，有当名词用的，如《诗经·邶风·谷风》："谁谓荼苦，其甘如荠。"有当形容词用的，像"如火如荼"；亦有作动词用的，如"荼毒生灵"等。因此字使用频率高，故后人将其减去一划，写成"茶"字，以免混淆不清。孙愐的《唐韵》说："荼，自中唐亦作茶。"但李勣、苏恭《唐本草》（650—655 年修）中，"荼"字已全改写为"茶"字。实际上，浙江湖州的一座东汉晚期墓中曾出土了一只完整的青瓷贮茶罐，高 33.5 厘米、最大腹径 34.5 厘米，内外施釉，器肩部有一个"茶"字，它明确无误地表明：至迟到东汉时，人们已

云南省西双版纳巴达的野生古茶树
（树龄约 1 700 年）（据吴觉农《茶经述评》）

二 茶史篇

经用瓷器贮茶，而且"茶"字亦已正式出现。①

成书于战国时代的《神农本草》云："神农尝百草，日遇七十二毒，得荼而解之。"这是人们认识茶并把它作为药物使用的最早记载。

从发现茶到利用它作为"比屋之饮"，又有一个漫长的过程。

最初，人们把茶作为菜蔬食用，这是"食茶"阶段。

《晏子春秋》中记载：晏婴任齐景公的国相时，只吃"脱粟之饭"（糙米饭），"炙三弋五卵茗菜而已"，意思是说，虽贵为国相，晏婴的菜不过是三只烤小鸟，外加五个鸟蛋炒茶叶。

晋代郭璞《尔雅注》说：茶"树小如栀子，冬生（即不落叶），叶可作羹饮"。这是说，茶叶可煮作菜羹。唐代的储光羲有一首诗，题目是《吃茗粥作》，其中有句曰："淹留膳茗粥，共我饭蕨薇。"可见，茶叶还可用来煮粥。

食茶的习俗流传了两千多年，至今仍不绝如缕，如云南的基诺族，将竹筒茶拌麻油和盐，即可下饭。

我国与缅甸、老挝的毗邻地区，有些居民喜制作"腌茶"。在雨季到来前，采摘鲜嫩茶叶装入缸内，边放边压，再加重物压紧盖好，历时数月即成。吃时与调料拌和或油炒，是美味的副食品。

江浙一带至今仍盛行茶宴。用名茶碧螺春加工制作的苏州名菜"碧螺鱼片"、"碧螺炒蛋"、"碧螺虾仁"等名闻中外；而杭州的"龙井虾仁"则是当年周恩来总理接待美国总统尼克松的宴会上的一道佳肴。此外，安徽的"毛峰熏鲥鱼"，四川的"樟茶鸭子"，潮州的"茶香鸡"等，亦都脍炙人口，方兴未艾。而"茶叶鸡蛋"，更是遍布全国的小吃。

当然，茶的最大实用价值还是作饮料。茶圣陆羽《茶经》说，茶不是一般的止渴饮料，亦不同于酒浆，而是一种可以"荡昏寐"即兼有生理、药理作用，可以消睡提神的饮料。他还说：

茶之为饮，发乎神农氏，闻于鲁周公。

据《华阳国志·巴志》记载，周武王伐纣时，巴蜀地区献给周天子的贡品中，已有茶叶。汉代以后，饮茶的记载则更加翔实。

① 转引自沈冬梅：《茶与宋代社会生活》，中国社会科学出版社 2007 年版，第 22 页

清人刘献庭《广阳杂记》卷三有一则记述：

> 古人以谓饮茶始于三国时，谓《吴志·韦曜传》："孙皓每饮群臣酒，率以七升为限。曜饮不过二升，或为裁减，或赐茶茗以当酒。"据此以为饮茶之证。案《赵飞燕别传》："成帝崩后，后一日梦中惊啼甚久，侍者呼问方觉。乃言曰：'吾梦中见帝，帝赐吾坐，命进茶。左右奏帝云：向者侍帝不谨，不合啜此茶。'"然则西汉时已尝有啜茶之说矣，非始于三国也。

杨衒之《洛阳伽蓝记》中亦记有萧何回答汉高祖刘邦的一句话："常饭鲫鱼羹，喝饮茗汁。"

汉武帝时蜀地的卓文君"当垆"卖的是酒还是茶，虽然众说不一，但司马相如的《凡将篇》中列举的二十种药物，其中的"荈诧"就是茶。西汉末年，扬雄《方言》中说："蜀西南人谓茶曰'蔎'。"《华阳国志》说得更具体：

> 自西汉至晋代二百年间，涪陵、什邡、南安、武阳皆出名茶。

汉末王褒所写的《僮约》赋虽然是一篇游戏文章，但其中的"武阳买茶"、"烹茶尽具"的话，说明其时已有茶叶买卖。而长沙马王堆汉墓及湖北江陵马山的西汉墓群出土的、装在箱中的茶叶，更是雄辩地为我们提供了汉代人饮茶的实物见证。

不过，那时的饮茶方式还比较粗放。据三国张楫的《广雅》所载，其方法是：

> 欲煮茗饮，先炙令赤色，捣末置瓷器中，以汤浇覆之，用葱、姜、橘子芼之。

亦就是说，当时的茗饮，还未完全告别菜羹法的传统：茶饼要先烤，直至表面呈红色，再捣成细末放瓷碗中，冲入沸水，盖一会儿，然后撒点葱、姜、橘子碎粒。用这样的方法冲泡出来的茶，跟菜汤并没有太大的区别。这证明在唐代之前，人们对饮茶的要求还不怎么讲究。

潮汕文化丛书

二 茶史篇

从煎茶到分茶

唐代是我国封建社会的鼎盛时期，在坚实的物质生活的基础上，人们逐步超出日常生活需求之外，去追求更高的精神享受和具有艺术美的生活。因此，改变饮茶方式，从"与瀹蔬（即作菜汤）而啜者无异"的粗放式豪饮进入到细煎慢品的境界，可以说是时代发展之必然。

唐代以科举取士，读书人以中进士为最高目标。攻读的过程漫长又艰辛，赴考时尤其令人疲惫难挨，极需茶这类提神之物。唐代禅宗大行，禅宗讲究静修自悟，晚间坐禅要驱赶睡魔，更是非饮茶不可。文士、僧人都是有社会影响的人，他们争相与茶结缘，流风所及，对社会上饮茶风气的推动、普及，无疑地会起一种催化剂的作用。加上中唐以后，朝廷多次禁酒，酒价腾贵，更助长茶风的日渐炽盛。唐人封演《封氏闻见录》中的话，颇能反映当时的风尚：

> 开元中，泰山灵岩寺有降魔师，大兴禅教。学禅务于不寐，又不夕食，皆许其饮茶。人自怀挟，到处煮饮，从此转相仿效，遂成风俗。自邹、齐、沧、棣，渐至京邑城市，多开店铺，煎茶卖之，不问道俗，投钱取饮。其茶自江淮而来，舟车相继，所在山积，色额甚多……按古人亦饮茶耳，但不如今溺之甚，穷日尽夜，殆成风俗，始于中地，流于塞外。

正是在这样的背景下，"茶圣"陆羽经过多年的努力，终于写出了中国亦是世界茶史上的第一部茶学专著——《茶经》。

《茶经》内容广泛，堪称为茶道的百科全书。全书分三卷，包括源、具、造、器、煮、饮、事、出、略、图等方面，分别叙述了茶的生产、饮用、茶具、茶事、茶区等问题。

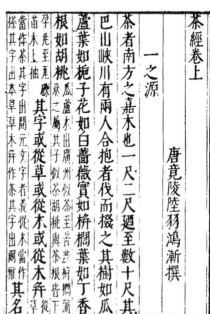

陆羽《茶经》书影

据《茶经》记载，唐代的茶分为粗茶、散茶、末茶、饼茶四种，都有相应的加工方法。其中饮用最广、最讲究的是饼茶。制作饼茶有七道工序："采之，蒸之，捣之，拍之，焙之，穿之，封之。"图解如下（据吴觉农《茶经述评》）：

采→蒸→解块→捣→装模→拍→出模→列茶（晾干）→穿孔→焙→穿→封

采摘来的茶叶要先放入甑中蒸，此即当今茶界中所说的"蒸青法"，这一发明，是制茶技术史上的一大进展。蒸后的茶叶放入杵臼中捣成茶膏，再注入模具（规、承）中拍打成形，脱模后的茶饼放到"芘莉"上晾干，在中间穿孔，用"贯"即二尺半长的竹条穿成串后，再放入棚中焙，最后放入"育"中封藏（复焙，"育"的下层放热灰）。

陆羽在《茶经》中所倡导的煎茶法，实开我国品茶艺术的先河。煎茶是一个颇为繁复的过程，需用很多的专用工具，现将其程序简述如下：

蒸茶用具：甑

采茶工具：竹篮

捣茶工具：杵、臼

拍茶工具：规、承

晾茶工具：芘莉

烘茶工具：焙、贯、棚

复烘及封藏工具：育

（据吴觉农《茶经述评》）

罗、合、则

（据吴觉农《茶经述评》）

碾末。将茶饼用微炭火先炙，以烘去存放过程中自然吸收的水分并提香。冷却后敲碎，放入碾槽中碾成粉，再用细纱茶罗筛出细末。

煎茶。用"镂"烧水，至"沸如鱼目，微有声"，此为第一沸；加入适量的盐，水再烧至

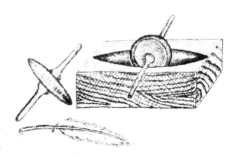

碾茶工具：碾、拂末

"缘边如涌泉连珠"，此为第二沸；此时要舀出一瓢水备用，用竹夹在水中转动至中心出现一个水涡，就用"则"（茶匙）量茶末，放入水涡里，再烧，汤"腾波鼓浪"，为三沸（前二沸烧水，后一沸煮茶）。这时，镂中"势如奔涛溅沫"，应将二沸时舀出的那瓢水慢慢注回镂内，以救沸和"育其华"（培育茶汤，使其表面出现更多的汤花）。

酌茶。酌茶（即分茶入碗）的妙处在于分汤花。汤花有三种：看起来细而轻的叫"花"，薄而密的叫"沫"，厚而绵的叫"饽"，它们被认为是味道最淳厚悠长之物，称为"隽永"。三种汤花要分得均匀，因为饼茶时代的茶人都认为汤花是茶叶"精华"之所在，"茗有饽，

饮之宜人"(《桐君录》)。所以，唐代诗人赞美煎茶汤花的诗句，不胜枚举。例如，白居易的"满瓯似乳堪持玩，况是春深酒渴人"(《萧员外寄新蜀茶》)；刘禹锡《西山兰若试茶诗》的"白云满碗花徘徊，悠扬喷鼻宿醒醒"；《尝茶》中的"今宵更有湘江月，照出霏霏满碗花"，等等。

陆羽之后，中国的茶事迈入了一个新的境界，由"食"变为"品饮"，并升华为一种修养、一种文化。《封氏闻见记》谓自陆羽著《茶经》后，"于是茶道大行"。《新唐书·陆羽传》亦谓自陆羽之后，"天下益知饮茶矣"。宋代的陈师道在《茶经序》中则说得更全面：

夫茶之著书自（陆）羽始，其用于世，亦自羽始，羽诚有功于茶者也。上自宫省，下迨邑里，外及夷戎蛮狄，宾祀燕享，予陈于前。山泽以成市，商贾以起家，又有功于人者也。

因此，陆羽死后，卖茶者用陶土塑陆羽像，放于灶间，祀为"茶神"。

宋人对饮茶的要求，比唐人更加严格，并创造出"斗茶"、"分茶"等独特的饮茶方式。

宋代的饼茶，在制作上比唐代更为精致且日趋浮华。据赵汝砺《北苑别录》记载，当时福建贡茶的制作程序是：

蒸茶。采茶时只摘茶芽，茶芽须经洗涤，然后入甑蒸之，并严格掌握好火候。

榨茶。这是宋人新创的用于代替"捣茶"的方法：茶洗好后用水淋洗数次，先入小榨去其水，再包以布帛、束以竹皮，入大榨紧压出膏（把茶叶的汁液榨出），至中夜取出揉匀，复如前法翻榨，彻晓奋击，至膏尽而止。其依据是，建茶味远而力厚，膏不尽，则色味重浊，不符合宋人以茶色白为佳的要求。

研茶。研茶的工具是以柯为杵，以瓦为盆。研磨时，须"至水干茶熟而后已"，茶泥在研盆中须达到"荡之欲其匀，操之欲其腻"的程度才算合格。这是一道极吃力的工序，所以研茶工要找"强有力者"。

造茶。把研好的茶泥"入圈制铐（模具）"。铐，有方、花、大龙、小龙等不同品种和规格。

过黄。脱模的茶饼先入烈火焙，干后再"过汤"，即用沸水浇淋。再焙，再浇，反复三次。翌日再过烟焙，即用不烈无烟的温火烘焙。

火数既足，再过汤"出色"，放入密室内，赶紧用扇煽，使色泽自然光莹。

上述制作过程与唐代相比有几处明显差别：一是茶芽蒸前、蒸毕都要多次洗涤；二是改捣为榨，榨后还要研；三是改焙茶为"过黄"，即烘焙中须经沸水淋焙数次。改进的原因，主要是斗茶的茶汤，其色以白为上，其味要清淡甘美；其次则是为了使茶饼的造型、色泽更精美。

经过以上程序制造出来的"龙团凤饼"，有"龙凤英"、"瑞云翔龙"、"龙苑报春"等诸多象征祥瑞升平的名目，其造价更是令人咋舌。贡茶中的极品"白芽"、"龙团胜雪"，每岁所造不过二三铸，世人根本就看不到。产量稍多一点的"小龙团"、"密云龙"，也只是在朝廷举行祭祀大典时，少数近臣才有幸"共赐一饼"。欧阳修说他在朝二十年，只得到宋仁宗赐给的一饼"小龙团"。他珍藏数年，只有亲朋聚会时，才偶尔拿出来传视一番。

唐代占主导地位的茶艺是煎煮法（间有冲点、冲泡法）。至宋代，末茶点饮法则脱颖而出，简称为"点茶"。点茶的程序与工具和唐代的煎茶又有很多不同之处。

碾末。斗茶用饼茶，上碾前一般不炙，而是先用纸包起来捶碎后再细碾，碾的过程中，人们已能品到清香的茶味。正如陆游的《昼卧闻碾茶》所说："玉川七碗何须尔，铜碾声中睡已无。"碾后的茶还要过罗，茶末细，才能"入汤轻泛，粥面光凝，尽茶色"（宋徽宗《大观茶论·罗碾》）。

煎水。宋人煎水不再用镀，而是用细瓶，无法靠目测以判定三沸的情状，所以要靠沸声以辨汤候。

调膏。视茶盏之大小，用茶勺舀入一定的茶末入盏，再注入少量沸水，把茶末调成浓稠的糊状茶膏（类似冲藕粉的方法）。此前，茶盏须用沸水预热，称为"熁盏"。

点与击拂。把沸水注入已调好茶膏的盏中，叫做"点"，这是一个很重要的环节。"击拂"，是用特制的竹质小扫把状的工具"茶筅"，在注水过程中旋转打击、拂动茶汤，使之泛起汤花。操作时，一手执壶注水，一手运筅击拂，动作要非常协调。注水点茶时，从瓶嘴喷薄而出的水柱须收放自如，得心应手，切忌注出断断续续或淋漓不止的"断脉汤"；水量要恰到好处，"一瓯之茗，多不过二钱，茗盏量合宜，下汤不过六分"，也即注水量不能超过整盏容量的十分之六。此外，注水有缓急、多少、落水点不同等变化，每次变化叫做"一汤"，共有七汤。茶筅则配合各汤或旋或点，或击或拂，轻重徐疾，皆有机巧。经过点与击拂之后，汤花如"乳雾汹涌"，高出盏面并紧贴盏沿内壁，不易消退，叫做"咬盏"。如果操作不善，汤花不能持久，甚至会随点随散的，叫做"云脚散"，这时，盏的内沿就出现"水痕"。

早在唐末、五代时福建茶区便流行一种"斗茶"的习俗。斗茶，其实就是带有竞赛性质的点茶。判断斗茶胜负的标准是："视其面色鲜白，着盏无水痕为绝佳；建安斗试，以水痕先者为负，耐久者为胜。"（蔡襄《茶录》上篇）也就是说，一看茶色，二看水痕。两家相斗，往往不止一次，比如斗三次有两次先见水痕者即为负，所以"较胜负之说曰：相去一水，两水"。斗茶还包括品茶汤，因此，只有色、香、味三者俱佳者，才能取得最后的胜利。

宋茶点茶时以瓶煎水、纳茶入盏（调膏）后再注水的做法，是我国饮茶史上一项重大改革，实为瀹饮法之滥觞。

元代赵孟頫《斗茶图》

陆羽《茶经·四之器》共开列了八类二十八种煮茶、饮茶的用具。宋代点茶的用具已简化不少。南宋咸淳五年（1269 年）一位叫审安老人的曾画了十二件备茶、饮茶的器具并戏称为"十二先生"。他利用谐音、会意的手法，为每件用具各起一个官名，好像自己是一位统率众官的"茶皇帝"似的：

韦鸿胪——烘茶焙笼

木待制——木茶桶、木槌

金法曹——碾槽

石转运——石茶磨

胡员外——贮水葫芦

罗枢密——茶筛

宗从事——棕帚

漆雕秘阁——漆制茶末罐（漆雕是复姓）

陶宝文——陶杯

汤提点——煎水瓶

竺副帅——竹制茶筅

司职方——丝织净物巾

韦鸿胪

木待制

金法曹

石转运

胡员外

罗枢密

宗从事

漆雕秘阁

陶宝文

汤提点

竺副帅

司职方

这一"茶具图赞",本身虽谈不上有什么重大价值,却为后人留下了解宋代茶具形象的宝贵资料。

从点茶的击拂得到启示,宋人又创造出一种叫做"分茶"的茶艺。

当击拂过程中汤花泛起时,高手可令汤面幻化而生出各种各样的花鸟虫鱼、山川草木等图像,工巧者若绘画。故分茶又称"汤戏"、"茶百戏"、"茶丹青"。据陶谷《清异录》所载,当时有个叫福全的和尚,能在一盏茶中点出一句诗,连点四盏即成一首绝句。其他的图形更不在话下,每天都有施主来请他表演。

宋徽宗也擅分茶,能令汤面呈"疏星朗月,巧幻如画"。大诗人陆游在《临安春雨初霁》中就有"矮纸斜行闲作草,晴窗细乳戏分茶"的名句,看来他也谙于此道。描写分茶的诗词很多,足证这一茶艺中的至巧,深为当时的文士墨客所雅好。《大金国志》卷七载:金熙宗(1119—1150年)能分茶,"尽失女真故态"。可见这一技艺流传之广。

总之,宋代的茶事十分兴旺,但茶艺逐渐趋向繁琐、奢侈,过细、过精。因此有人讥称宋人把喝茶变成"玩茶"。

蒙古人入主中原以后,从唐宋以来的以饼茶为主的碾煎饮法渐次式微,中国的饮茶史开始过渡到一个新的阶段。

面貌一新的瀹茶

一味追求精巧的结果,使宋代团茶的价格达到吓人的程度。当时的龙凤团,八饼一斤,每饼二两(不足75克),造价为黄金二两,而公侯将相犹感叹"黄金易得,龙团难求"!庆历中,蔡襄创制的"小龙团"面世以后,龙凤团竟降为三流货色。熙宁时,"密云龙"出现,小龙团又得退居二档。后来,用银丝水芽制造的"龙团胜雪",每饼重约一钱半(约5.5克),其造价,有人说是三十千,有人说是四万。以三十千计,可买粮一百石,相当于宰相的一年俸禄!

宋茶过分的精巧,太多的人为造作,也使茶的真味、真趣大打折扣。

物极必反。在经过元初的金戈铁马、腥风血雨的大动荡以后,团茶生产元气大伤,而时人的意趣也渐趋简约、自然,饮用散茶的风气

于是逐步流行。

唐代已出现散茶。刘禹锡《西山兰若试茶歌》中已有所描述：

> 山僧后檐茶数丛，春来映竹抽新茸。
> 宛然为客振衣起，如傍芳丛摘鹰嘴。
> 斯须炒成满室香，便酌砌下金沙水。
> 骤雨狂风入鼎来，白云满碗花徘徊。
> ……
> 新芽连拳半未舒，自摘至煎俄顷余。

诗中说：山僧为待客，自己采摘像鹰嘴一样的嫩茶芽，而且从摘至炒至煎，只有一会儿工夫，可知此茶决非是要经蒸、捣、拍、焙等工序所制成的茶饼。不过，"骤雨狂风入鼎来，白云满碗花徘徊"。证明这种用炒法——我国茶史上记载最早的"炒青法"——加工成的散茶，饮用时仍要碾末煎饮。

元人常把茶叶叫做"芽"，如蔡廷秀《茶灶石》诗："仙人应爱武夷茶，旋汲新泉煮嫩芽。"李谦亨《土锉茶烟》："汲水煮春芽，清烟半如灭。"杨维祯《煮茶梦记》说得更详细：

> 命小芸童汲白莲泉，燃槁湘竹，授以凌霄芽为饮供。

这些都是元人饮用散茶的见证。但是，饮用前与唐人一样要把茶碾成末。元代冯道真墓壁画《童子侍茶图》中，放在方桌上的诸多茶具里面，有一个贴着"茶末"标签的陶罐，应是这种"散茶碾煎法"的最好注脚。

元代冯道真墓壁画——童子侍茶图

至于散茶的制法，据王桢《农书》所载，主要有杀青、揉捻和干燥三道工序，即将采摘来的鲜叶放入釜甑中微蒸后，放到筐箔上摊凉，乘湿用手揉捻，再用火均匀焙干。

到了明代，散茶开始全面普及。明洪武二十四年（1391 年）九月十六日，贫寒出身的明太祖朱元璋下令停止进贡团茶，"惟令采芽茶以进"。从此，自唐以来一直占据饮茶世界统治地位的团茶逐步淡出历史舞台。

入明以后，炒青制茶法风行天下，至今仍是茶业界的主流。这是在对前人制茶方式进行长期的分析、总结的基础上所必然出现的结果。

炒青法的详情，可参见明代许次纾《茶疏》：

生茶初摘，香气未透，必借火力以发其香。然性不耐劳，炒不宜久。多取入铛，则手力不匀；久于铛中，过熟而香散矣，甚且枯焦，不堪烹点。炒茶之器，最嫌新铁，铁腥一入，不复有香；尤忌脂腻，害甚于铁，须预取一铛，专供炊饮，无得别作他用。炒茶之薪，仅可树枝，不用干叶，干则火力猛炽，叶则易焰易灭。铛必磨莹，旋摘旋炒。一铛之内，仅容四两，先用文火焙软，次加武火催之，手加木指，急急钞转，以半熟为度。微俟香发，是其候矣，急用小扇钞置被笼，纯绵大纸，衬底燥焙，积多候冷，入瓶收藏。人力若多，数铛数笼；人力若少，仅一铛二铛，亦须四、五竹笼，盖炒速而焙迟。燥湿不可相混，混则大减香力。一叶稍焦，全铛无用。然火虽忌猛，尤嫌铛冷，则枝叶不柔。以意消息，最难最难。

北宋的团茶特别是贡茶往往要加入微量的龙脑，认为这样能助香。而且，龙团入龙脑，龙上加龙，好像不如此便不足以奉侍"龙飞天子"。对此，蔡襄在《茶录》中已有所批评：

宋代蔡襄《茶录》书影

茶有真香，而入贡者微以龙脑和膏，欲助其香。建安民间试茶，皆不入香，恐夺其真。若烹点之际，又杂珍果香草，其夺益甚，正当不用。

实践出真知。茶农很早就知道保持茶叶真香的诀窍，而贡茶却囿于礼仪规程，我行我素，陈陈相因，直至宋徽宗时，这位精于茶道的"至尊"方有所省悟，并在《大观茶论》中写下"茶有真香，非龙麝可拟"的结绫。熊克谨《宣和北苑贡茶录》谓："初，贡茶皆入龙脑，至是虑夺其味，始不用焉。"可知，圣上的指示，至宋宣和年间（1119—1125 年）终于得到落实。

对于碾茶，明人也不以为然，田艺衡《煮泉小品》说：

明代陈洪绶《停琴品茗图》

茶之团者、片者，皆出于碾硙之末，既损真味，复加油垢，即非佳品，总不若今之芽茶也。且末茶瀹之有屑，滞而不爽，知味者当自辨之。

末茶的颗粒再细，经煎泡后总会胀大成碎叶片，混在茶汤中，塞牙碍舌，喝起来确实不爽利。另外，对茶圣陆羽提倡的煎茶加盐，苏东坡赞许过的茶"用姜煎信佳"的主张，田艺衡也毫不客气地予以否定，认为盐、姜"二物皆水厄也"。顾元庆在《茶谱》中进一步提出：

茶有真香、有佳味、有正色，烹点之际，不宜以珍果香草杂之。夺其香者：松子、柑橙、杏仁、莲心、木香、梅花、茉莉、蔷薇、木樨之类是也；夺其味者：牛乳、番桃、荔支、圆眼、水梨、枇杷之类是也；夺其色者：柿饼、胶枣、火桃、杨梅、橙橘之类是也。凡饮佳茶，去果方觉清绝，杂之则无辨矣。

用沸水直接冲泡不碾成末且以炒青法制成的散条形茶，不加姜、盐，不掺入任何珍果、香草，只品尝茶的真色、真味、真香，这就是明人首创的且至今仍在普遍施用的茶叶瀹饮法。对此，明人颇为自负，文震亨在《长物志》称此法"简便异常，天趣悉备，可谓尽茶之真味矣"。沈德符的《万历野获编》更赞誉瀹饮法是"开千古饮茶之宗"。

瀹饮法确实是我国茶文化中的重要里程碑。工夫茶正是在它的基础上形成的独特饮茶法，因此，可以这样说，没有瀹饮法，就没有潮州工夫茶。或者说，在明代之前，不可能出现潮州工夫茶！

必须说明的是，明代制茶，虽以炒法为主，但传统蒸青法依然存在，如极有名的芥茶，系"甑中蒸熟，然后烘焙"。因不用揉炒，茶形呈片状，故称"芥片"。此外，还有一种叫"日晒茶"的，田艺衡《煮泉小品宜茶》甚至认为：

> 芽茶以火作为次，生晒者为上，亦更近自然，且断烟火气也。况作人手器不洁，火候失宜，皆能损其香色也。生晒茶瀹之瓯中，则旗枪舒畅，清翠鲜明，尤为可爱。

不过，它们只是保留在个别品种中的特殊加工方法，其范围与影响都不能与炒青法相提并论。

（三）工夫茶的兴起

乌龙茶的诞生

末茶不宜冲工夫茶，而同为散条形茶的红茶和绿茶，亦与工夫茶无缘，这是工夫茶客的共识。换言之，只有乌龙茶才能冲出正宗地道的工夫茶。因此，考察乌龙茶的历史，将有助于寻找工夫茶的源头。

乌龙茶属半发酵茶，是介于不发酵茶（绿茶）与全发酵茶（红茶）之间的一类茶叶，因外观色泽青褐，也称"青茶"。

乌龙茶味甘浓而气郁馥，无绿茶之苦、红茶之涩，性和不寒，久藏不坏，香久益清，味久益醇。乌龙茶做工精细，综合了红、绿茶初制阶段的工艺手法，因而又具有红茶的甜醇，绿茶之清香，向有"茶中明珠"之誉。

关于乌龙茶的起源，目前学界尚有争议。有的推论出现于北宋，有的推定始于清咸丰年间（1851—1862 年），但对其创始地在福建则无异议。

潮汕文化丛书

二 茶史篇

乌龙茶得名的由来，在福建流传着多种传说。其中的一则便是：

几百年前，安溪西洋乡南岩村，有一位单名"龙"的青年，以种茶、狩猎为生，因饱经风日磨炼，浑身黝黑，人称"乌龙"。一日，上山采茶，晌午回家时打伤了一只山獐，直追至"观音石"附近方把它捕获。到家后又忙于宰杀山獐，忘了制茶。隔天清早才发现搁置一晚的茶叶已萎凋了，有的叶子边缘变成红色且散发出阵阵清香。乌龙赶紧动手炒制，没想到做出来的茶叶一经冲泡，竟是别具风味，甘香异常，乌龙细心琢磨，终于悟出奥秘：原来茶叶在篓中，经一路奔跑时的颠簸，是"摇青"；后放了一夜，这是"晾青"，所以制作出来的茶叶便与以往不同。后来乌龙按悟出来的方法反复试验，终于创制出一套新的技术。他把技术传给众乡亲，大家为了感谢他，就把这种茶叫做"乌龙茶"。乌龙去世后，乡亲们还在南岩山上盖庙塑像纪念他。

传说是美好的，但还不能据此以界定乌龙茶的起源。有关乌龙茶制作技法记载，目前能见到的是陆廷灿《续茶经》中引用的王草堂《茶说》：

武夷茶……采茶后，以竹筐匀铺，架于风日中，名曰晒青。俟其青色渐收，然后再加炒焙。阳羡岕片，只蒸不炒，火焙以成；松萝、龙井，皆炒而不焙，故其色纯。独武夷炒焙兼施，烹出之时，半青半红，青者乃炒色，红者乃焙色也。茶采而摊，摊而揉，香气发越即炒，过时、不及皆不可。既炒既焙，复拣去其中老叶、枝蒂，使之一色。

陆廷灿《续茶经》书影

上述武夷茶的制法是：采摘后摊放，即晒青；摊而撼（振也，动也），即摇青；摇到香气散发就炒、焙、拣。这几种程序与现代乌龙茶的制作几无二致，而"半青半红"，则已把武夷岩茶"绿叶红镶边"的特色准确地描述出来了。

王草堂即王复礼。《茶说》成书的时间在清代初年，以此推论，武夷茶这一独特工艺的形成，当远比这个时间为早。对此，清顺治年间释超全的《武夷茶歌》已有表述：

　　　　景泰年间茶久荒，喊山岁犹供祭费。
　　　　输官茶购自他山，郭公青螺除其弊。
　　　　嗣后岩茶亦渐生，山中借此少为利。
　　　　……
　　　　近时制法重清漳，漳芽漳片标名异。
　　　　……

其后，释超全又在《安溪茶歌》中说：

　　　　安溪之山郁嵯峨，其阴长湿生丛茶。
　　　　……
　　　　迩来武夷漳人制，紫白二毫粟粒芽。
　　　　西洋番舶岁来贾，王钱不论凭官牙。
　　　　溪茶遂仿岩茶制，先炒后焙不争差。
　　　　真伪混杂人聩聩，世道如此良可嗟。

释超全俗名阮旻锡，原系同安县士人，因恸明鼎沦丧、复国难期而于顺治八年（1651年）入武夷山寺为僧，故得洞悉茶事。从他这两首茶歌中，我们可以了解到，诗中的"近时"、"迩来"指的起码是顺治前的事。

郭青螺是万历十年的潮州知府郭子章之号，此公虽不喜闽茶，但他敢于革除自景泰（1450—1456年）以后武夷山茶农须自他山购茶输官（即缴给官府）的弊端，对武夷茶业的重兴，贡献不小，所以受到人们的赞颂。据《闽书·文莅志》，郭任福建布政使系万历前期，因而"岩茶亦渐生"当是万历中期事。

武夷山多深坑巨谷，茶农利用岩洼、石隙、石缝，沿边砌筑石栏，构筑"盆栽式"茶园，俗称"石座作法"。"岩岩有茶，非岩不茶"，岩茶因此而得名。岩茶问世不久，其制作方法便流传到闽南漳州一带，故武夷岩茶实为乌龙茶之鼻祖。"溪茶遂仿岩茶制，先炒后焙不争差"，正表明了其时的岩茶、溪茶，其制法与当今的乌龙茶基本相同。而溪茶是异军突起，大有后来居上之势。

据威廉·乌克斯《茶叶全书》记载：万历三十五年（1607年）荷兰东印度公司首次从澳门运输茶叶销往欧洲，起初为日本绿茶，不久即改为中国武夷茶，从此武夷茶风靡海外。这一记载与《安溪茶歌》"西洋番舶岁来贾"的描述正相符合。

综上所述，可证万历年间，武夷茶已风行海内外。因此，在明代中后期，工夫茶客已经"有米（茶米）可炊了"。

苏罐的引入

"工欲善其事，必先利其器。"工夫茶的"工夫"，很大程度上要借助于那把苏罐。

苏罐，指宜兴出产的紫砂陶小茶壶，宜兴属江苏，故简称苏罐（一说是从苏州传来，故名，说也可通）。

紫砂陶器虽创始于宋代，但紫砂壶直到明代中期才开始盛行。据中国硅酸盐学会编定的《中国陶瓷史》所载：1966年南京中华门外大定坊油坊桥发现明嘉靖十二年（1533年）司礼太监吴经墓，墓中出土紫砂提梁壶一件，质地近似缸胎而较细腻，壶胎上粘附有"缸坛釉泪"，说明该壶入窑烧制时没有另装匣钵，而是和那些较大件、粗糙又须施釉的水缸类器皿同窑烧制。也就是说，那时的窑主和制壶艺人，对茶壶并没有"另眼看待"。这一件到目前为止所见到的有绝对年代可考的嘉靖

明代嘉靖提梁紫砂壶

早期紫砂壶，其情况与明季周高起《阳羡（宜兴古名）茗壶系》的记载正相符合。该书《正始》章说：

李茂林，行四，名养心。制小圆式研在朴致中，允属名玩。自此以往，壶乃另作瓦囊（即匣钵），闭入陶穴。故前此名壶，不免沾缸坛釉泪。

李茂林是制壶名家时大彬的同时人，烧壶加匣钵既然是由他首创，可见紫砂茶具之为人器重，是在万历朝以后的事。

据上书记载，宜兴壶创自当地金沙寺的一位和尚。后来，学使吴颐山书童供春（也作龚春）在侍奉主人读书之暇，偷偷地把老和尚的手艺学到手并加以改进，宜兴茶具从此遂逐步走向艺术化，其身价、地位也大大提高。供春之后，又出现了赵梁（良）、袁锡、时朋、李茂林四名家。时朋之子时大彬的技艺尤其高明，他擅制小壶，周高起称他：

明代时大彬朱泥柚壶

> 不务妍媚而朴雅坚栗，妙不可思。初自仿供春得手，喜作大壶。后游娄东，闻眉公与琅琊太原诸公品茶施茶之论，乃作小壶。几案有一具，生人闲远之思。前后诸名家并不能及。

当万历之时，宜兴壶出现了百品竞新、名家辈出的繁荣局面。潮州人十分赏识的孟臣罐，就是由惠孟臣所造的紫砂壶，而惠孟臣正是当时宜兴陶壶界璀璨群星中的一员。

宜兴名壶的价格在明末已十分昂贵，"一壶重不数两，价重一二十金"。据闻龙《茶笺》所说，他的老友周文甫"家中有龚春壶，摩挲宝爱，不啻掌珠，用之既久，外类紫玉，内如碧云"，后来竟以此壶作殉葬品。

孟臣罐

罐底铭文

紫砂壶之所以备受茶客青睐，是因为它具备七大特点：

（1）泡茶时"色香味皆蕴"，能使茶叶"越发醇郁芳沁"。

（2）壶经久用，即使以沸水注入空壶，也有茶味。

（3）耐热性强，冬天沸水注入，无冷炸之虞。

（4）茶叶不易霉馊变质。

（5）传热缓慢，使用时不太烫手。

（6）使用越久，越发光泽美观。

（7）紫砂泥色多变，耐人寻味。

由于具有上述特点，所以从明代中期起，"壶黜银、锡及闽、豫瓷，而尚宜兴陶"。

紫砂壶何时传入潮州？这是一个饶有兴味却又难于确指的问题。据乾隆四十九年立于苏州的《潮州会馆记》："我潮州会馆，前代创于金陵，国初始建于苏郡北濠。"① 可见早在明代（可惜具体年代不详），潮人已在南京设立会馆。而会馆之设，则反映了潮属各邑与江苏之间频繁的经贸活动，由来已久。经贸活动必然会促进两地的文化交流，因此，在茶文化领域中，领异标新的紫砂壶之传入潮州，应该说也早有畅通之渠道。

苏罐，是工夫茶具中最关键的角色，没有小紫砂茶壶，就不成其为工夫茶。万历年间，宜兴小茶壶方由时大彬创制问世，所以，潮州工夫茶之兴起，肯定不会在明代万历之前。

工夫茶溯源

综上所述，明代瀹饮茶法之完善，特别是万历以后乌龙茶、紫砂茶壶的面世，已为工夫茶的诞生提供了基本的物质条件。然则"以小壶、小杯冲泡乌龙茶"的饮茶习尚又兴起于何时？对此，我们无妨先探寻"喜用小壶泡茶"这一习尚的社会背景。

从明代中期以后，士人品茶讲究理趣，追求品饮过程中的精神、文化享受，茶具因此而日趋小巧精致。对此，冯可宾在《岕茶笺》中有一段独到的评论：

或问壶毕竟宜大宜小？茶壶以小为贵。每一客，壶一把，任自酌

岭南文化书系

潮州工夫茶话

----

① 江苏博物馆编：《江苏省明清以来碑刻资料选集》，三联书店1959年版

自饮，方为得趣。何也？壶小则香不涣散，味不耽搁。

周高起在《阳羡茗壶系》中亦强调：

壶供真茶，正在新泉活火，旋瀹旋啜，以尽色香味之蕴。故壶宜小不宜大，宜浅不宜深；壶盖宜盎（凸）不宜砥（平），汤力茗香，俾得团结氤氲。

可见，瀹茶用小壶，既可发香，又可得趣，是对实践经验的总结，也是对理性的一种追求。不过，其时江南一带多重绿茶，而且一客一壶，所以上述所论者与工夫茶仍有很大距离。但冯可宾《岕茶笺》所说的"施于他茶，亦无不可"这句话，已给人一种明确的提示：用小壶瀹饮其他品类茶叶的，亦大有人在。

1987年，漳浦县盘陀乡通坑村发现明万历户、工二部侍郎卢维桢墓，从中出土了有"时大彬制"四字款识的紫砂壶一件，壶呈栗红色，高9.2厘米、口径7.5厘米、腹径11.0厘米，壶盖内沿已有轻度磨损，证明墓主生前已使用多时，以壶殉葬、亦可看出主人对壶的珍爱程度。卢维桢死于万历三十八年（1610年），故该壶应属时大彬中前期作品。壶虽略大，但漳浦属岩茶、溪茶辐射区，所以该壶的出土，似可为我们提供乌龙茶区早期使用紫砂壶的实物依据。

明末清初，闵汶水善烹茶。张岱《闵汶水茶》诗说："刚柔燥湿必身亲，下气随之敢喘息？到得当炉啜一瓯，多少深心兼大力。"周亮工《闽小纪》亦云："歙人闵汶水居桃叶渡上，予往品茶其家，见其水火皆自任，以小酒盏酌客，高自矜许。"两人均亲晤汶水，所记略同，"燥湿身亲"与"水火自任"，"当炉啜一瓯"与"以小酒盏酌客"，其程式与工夫茶已很近似，如果壶中换上乌龙茶，则工夫茶之法相便全具了。

乾隆初曾任县令的溧阳人彭光斗在《闽琐记》中说：

余罢后赴省，道过龙溪，邂逅竹圃中，遇一野叟，延入旁室，地炉活火，烹茗相待。盏绝小，仅供一啜。然甫下咽，即沁透心脾。叩之，乃真武夷也。客闽三载，只领略一次，殊愧此叟多矣。

这位彭太爷可能亦是深受"明人不重闽茶"影响者，到福建当了

三年官，居然连尝都不尝一下武夷茶。难怪他领略一次并大称快意之后便有愧色。不过，他的这则琐记，特别是"盏绝小，仅供一啜。然甫下咽，即沁透心脾"的描述，倒是为我们留下了到目前为止可能是最早的有关工夫茶程式的记载。

可以视为"简明工夫茶经"的文献的，是乾隆二十七年（1762年）修纂的福建《龙溪县志·风俗篇》：

> 灵山寺茶，俗贵之。近则远购武夷茶，以五月至，至则斗茶。必以大彬之壶，必以若深之杯，必以大壮之炉，扇必以琯溪之箑，盛必以长竹之筐。凡烹著，以水为本，火候佐之。水以三叉河为上，惠民泉次之，龙腰石泉又次之，余泉又次之。穷山僻壤，亦多耽此者。茶之费，岁数千。

简短的十几句话，包括了择茶、择器、择水、候汤乃至水质品评的内容，而且已开列了后来被称为"工夫茶四宝"即铫、炉、壶、杯中的后三宝。所以，这则地方志资料虽然未出现"工夫茶"的名目却已具工夫茶程式之实。值得注意的还有后段"穷山僻壤，亦多耽此者"那句话，它说明了上述的瀹饮法在当时已相当普及，只可惜没有像彭县令那样的文人为之写记，或加以归纳总结，著成专书使之传布四方而已。

一般说来，一种习俗从萌发到定型、普及，都需要一段相当长的时间，因此，我们自然不应把乾隆二十七年作为形成该习尚的时间上限。

二十四年后，即乾隆五十一年丙午（1786年），袁枚在《随园食单》中记下他饮用武夷茶的经过和感想：

> 余向不喜武夷茶，嫌其浓苦如饮药。然丙午秋，余游武夷曼亭峰、天游寺诸处，僧道争以茶献。杯小如胡桃，壶小如香橼，每斟无一两。上口不忍遽咽，先嗅其香，再试其味，徐徐咀嚼而体贴之，果然清芬扑鼻，舌有余甘。一杯之后，再试一二杯，令人释躁平矜，怡情悦性。始觉龙井虽清而味薄矣，阳羡虽佳而韵逊矣！

用小壶、小杯冲武夷茶，嗅香、试味、徐咽，袁枚所描述的过程，已与现今的品工夫茶法完全一样，虽然文中同样没有"工夫茶"三字。

正式把"工夫茶"三字作为一种品茶程式并和"潮州"联结在一起的文献，是清代俞蛟的《梦厂杂著》卷十《潮嘉风月》〔工夫茶〕：

工夫茶，烹治之法，本诸陆羽《茶经》，而器具更为精致。炉形如截筒，高约一尺二三寸，以细白泥为之。壶出宜兴窑者最佳，圆体扁腹，努嘴曲柄，大者可受半升许。杯盘则花瓷居多，内外写山水人物极工致，类非近代物，然无款志，制自何年，不能考也。炉及壶、盘如满月。此外尚有瓦铛、棕垫、纸扇、竹夹，制皆朴雅。壶、盘与杯，旧而佳者，贵如拱璧，寻常舟中不易得也。先将泉水贮铛，用细炭煎至初沸，投闽茶于壶内冲之，盖定，复遍浇其上，然后斟而细呷之。气味芳烈，较嚼梅花更为清绝，非拇战轰饮者得领其风味。……蜀茶久不至矣，今舟中所尚者，惟武夷，极佳者每斤须白镪二枚。

这一记载，远较《龙溪县志》、《随园食单》为详，如炉之规制、质地，壶之形状、容量，瓷杯之花色、数量，以至瓦铛、棕垫、纸扇、竹夹、细炭、闽茶，均一一提及，而投茶、候汤、淋罐、筛茶、品呷等冲瀹程式，亦尽得其要。因此该文问世以后，便成工夫茶文献之圭臬，至今各种类书、辞典中的〔工夫茶〕条，例皆据此阐说。

俞蛟是浙江山阴人（今绍兴），字清源，号梦厂居士。生于乾隆十六年（1751年），五十八年（1793年）以监生身份出任兴宁县典史，至嘉庆五年（1800年）离任，《潮嘉风月》应是他在此期间据亲历及耳闻目睹者辑录而成，故对潮州、嘉应州（今梅州）之风物能刻画入微。

俞蛟笔下所记的，当系处于基本定型、成熟阶段的潮人饮茶习俗。作为翔实可征的文献，《潮嘉风月》功不可没。但据此而认定乾嘉之际是潮州工夫茶的源头，则仍有可商之处。因为，如前所述，民俗的萌发与定型，本非一事。

明代潮州遗民陆汉东《廻风草堂集·谢文笠山人惠茶》诗云："山中珍重寄，一啜爽吟魂。叶散香初动，杯倾气若存。"诗中用"杯"、"一啜"、"气若存"诸字，能使人依稀想见作者饮茶时用小壶小杯，啜后嗅杯底的情景。

清初与梁佩兰、屈大均合称"岭南三大家"的布衣诗人陈恭尹，有一首咏潮州茶具的五律：

白灶青铛子，潮州来者精。洁宜居近坐，小亦利随行。

就隙邀风势，添泉战水声。寻常饥渴外，多事养浮生。

（见《明末四百家遗民诗》卷六）

白灶，即俞蛟所记的"以细白泥为之"的截筒形茶炉；青铛，即瓦铛（砂铫）。此两件乃工夫茶"四宝"中之二宝，能博得罗浮诗家陈恭尹"潮州来者精"的赞誉，可知其精洁、小巧，便于携带、逗人喜爱的程度。而茶具的精良，正反映了当时潮州茶事的兴旺。

康熙二十年辛酉（1681年）举人、海阳（潮安）陈王猷的《舟茗》诗云：

穷已如黄九，犹将茗碗行。然炉风欲破，沽水雨初晴。

秋影来无色，江涛近一声。旗枪新辨味，最是武夷精。

末两句，十分明确地表达了潮人善于品评茶味又钟爱武夷茶的风气，比俞蛟"今舟中所尚者惟武夷"的记述，起码早出一百年。

综上所述，可以这么认为，明清之际，潮人（至少是在文人圈中）已有用壶杯冲沏武夷茶的习尚，这一时段应视为"工夫茶"的雏形期。其后，这种品茶方式，随着商品经济的发展而不断地丰富、普及、提高，并在"繁华气象，百倍秦淮"（俞蛟《潮嘉风月·韩江》中语）的韩江六篷船中得到完善的体现。潮人日夕品赏其中，习以为常，竟无人予以总结、描述。（或虽有而文献已阙失）[1] 俞蛟任职粤东，以外地人的眼光来观察潮州风物，遂有见景皆异、无俗不奇的感觉。加上他有"采风问俗，记载宜详"（《潮嘉风月》前言）的雅好，因而已臻成熟期的潮州工夫茶习尚便通过他的笔端而传闻世间。所以说，把《潮嘉风月》视为潮州工夫茶的里程碑式记载则可，将其当成工夫茶的发端则不宜。

当然，清代中前期仍有一些不饮工夫茶的记载。例如，乾隆十年（1745年）《普宁县志·艺文志》中收录主纂者、县令萧麟趾的《慧花岩品泉论》，就有这样一段话：

因就泉设茶具，依活水法烹之。松风既清，蟹眼旋起，取阳羡春

---

① 乾隆《潮州府志》中《人物·文苑》即言潮阳人林梦鹗著有《茶经汇编》，惜该书久佚

芽，浮碧碗中，味果带甘，而清冽更胜。

茶取阳羡，器用盖碗，芽浮瓯面，其非工夫茶程式，自不待言。但萧县令乃外地人，有如前述福建那位"客闽三载，只领略一次（武夷茶）"的彭光斗县令一样，入乡而不愿随俗，亦在情理之中，强求不得。故其所述，似难代表潮风潮俗。

工夫茶的发祥地

工夫茶创自何地？创自何人？以目前发现的资料，要确切回答这个问题仍很困难。从袁枚《随园食单》所记"余游武夷……僧道争以茶献"数语来看，小壶、小杯瀹武夷茶之方式似为武夷僧道所创。但此前二十多年的《龙溪县志》既已明言该品茶法："穷山僻壤，亦多耽此者。茶之费，岁数千。"足见其法实非僧道所独擅。何况，袁枚在乾隆四十九年（1784 年）《赠寄尘上人即送赴潮州兼申武夷之约》中有"武夷如践约，待我菊花天"之句，后来寄尘山人未践约，而袁枚在读了李宁圃《程江竹枝词》后，曾深以当日"到广不到潮"为恨（见《随园诗话》卷十六）。设若当时袁枚与上人同到潮州，依他的逢奇必录的习性，又焉知其对"工夫茶"之描述，不在乾隆五十一年（1786 年）武夷游之前？

粤人至福建贩茶，由来已久。《寒秀草堂笔记》云：

柯易堂曾为崇安令，言茶之至美，名为不知春，在武夷天佑岩下，仅一树。每岁广东洋商预以金定此树，自春前至四月，皆有人守之，惟寺僧偶乞得一、二两，以饷富家大贾。

嘉庆十三年（1808 年）《崇安县志·风俗》也云：

茶市之盛，星渚为最。初春后，筐盈于山，担属于路。负贩之辈，江西、汀州及兴泉人为多，而贸易于姑苏、厦门及粤东诸处者，亦不尽皆土著。

若返观陈王猷"旗枪新辨味，最是武夷精"之句，再前溯明代郭子章所谓"惟潮阳间有之，亦闽茶之佳者"等情况，可知潮、闽间之茶叶贸易，源远流长。

茶商一般都是烹茶、品茶高手，当他们进入茶区认购茶叶时（不

至茶区，便绝无前引《寒秀草堂笔记》所记述的预付定金购某一树并严加看守之事），自然会在茶艺方面与茶农互相切磋交流；而茶农也必定会在如何改进茶叶质量、增强品尝效果等方面虚心倾听茶商意见，以期产品适销对路，达到双方互惠互利之目的。正是出于这种密切的贸易伙伴关系，在长期的双向交流中（也许还包括"潮州来者精"的泥炉、砂铫等茶具之流播），武夷茶之质量不断提高，而工夫茶程式亦得以逐步完善，以致在有关这一饮茶程式的记载中，其程序与器具竟惊人地一致。

因此，在探索工夫茶程式的源头时，笔者更倾向于"乌龙茶产、销双方共创说"。《汉语大词典》中［功夫茶］条将工夫茶界定为"闽粤一带的一种饮茶风尚"，不为无因。

清代中后期，工夫茶渐次普及。光绪年间，张心泰在《粤游小记》中说：

潮郡尤尚工夫茶，有大焙、小焙、小种、名种、奇种、乌龙等名色，大抵色香味三者兼全。以鼎臣制胡桃大之宜兴壶，若深制寸许之杯，用榄核炭煎汤，乍沸泡如蟹眼时，以之瀹茗，味尤香美。甚有酷嗜破产者。

嗜茶的习俗反过来又刺激、推动了茶叶的贸易、经营。据民国十八年（1929年）《建瓯县志》卷二十五《实业·乌龙茶》所载：

近今广潮帮来采办者，不下数十号。市场在城内及东区之东峰屯、南区之南雅口。出产倍于水仙，年以数万箱计（箱有大斗及二五箱之别，二五箱以三十斤为量，大斗倍之）。

假设年购五万箱，每箱以45斤（即二五箱与大斗之平均值）计，总量便达225万斤！而且，这仅仅是建瓯一个县、乌龙茶一个品种而已。可见，"广潮帮"每年从福建采办的茶叶，数量相当庞大。凭此一项，称工夫茶而以"潮州"冠之，可谓实至名归！

三、茶艺篇

（一）择 茶

品类繁富的"乌龙族"

1957 年春由潮安翁辉东先生撰写的《潮州茶经——工夫茶》，曾对潮州工夫茶艺作了系统、明晰的阐述（参见本书"文征"）。他在《茶之本质》中说："潮人所嗜，在产区则为武夷、安溪……在品种则为奇种、铁观音。"

武夷茶之大红袍、奇种产于福建崇安；铁观音原产福建安溪，至今仍为工夫茶客所钟爱。在海内外多次名茶评比中，它们亦经常名列前茅。（参见本书"茶叶篇"）但从 20 世纪 60 年代以来，随着凤凰水仙茶系的崛起，岩茶、溪茶的"霸主"地位已发生动摇。

近年来，凤凰水仙茶系品类日趋繁富，质量不断提高，名茶迭出，令人目不暇接，如凤凰单丛、白叶单丛、群体单丛、黄枝香、黄金桂、奇兰、蓬莱茗、八仙、浪菜……面对茶叶店中繁多的品种，有时还真叫人感到无所适从。

喝茶讲究色、香、味，喝工夫茶还要讲究"喉底"，即啜茶后，齿颊留香，舌底回甘，有一股奇妙特殊而难以言状的"山韵"。山韵一般是只有高山茶才具有的，且随品种、产地而迥异的独特韵味，品味时须合口屏气并略作吞咽状，方能较明显地体味到。喝茶而能喝出山韵，是一种至高无上的享受，亦是工夫茶最诱人的神妙境界。因此，选择好茶，是泡饮工夫茶的前提。

茶叶的贮藏

茶叶是至洁之物，易受潮、霉变及吸收异味。而一旦霉变成败茶，无论用什么方法都难于复原，形同废物。因此，茶叶须妥善贮藏。在这方面，古人有不少成功的经验。

明代冯梦祯《快雪堂漫录》谓："实茶大瓮，底置箬，封固倒放，则过夏不黄，以其气不外泄也。"说明当时已有用干燥和减少气体交换的方法以保持茶叶品质的经验。

1984 年，瑞典打捞出 1745 年 9 月 12 日触礁沉没的"哥德堡号"海船，从船中清理出被泥淖封埋了 240 年的一批瓷器和 370 吨乾隆时期的茶叶。令人惊讶的是，这批茶叶还基本完好，其中一部分甚至还能饮用。茶用木箱包装，板厚一厘米以上，箱内先铺一层铅片，再铺盖一层外涂桐油的桑皮纸。内软外硬，双层间隔，所以被紧紧包裹在里面的茶叶极难氧化。这一发现，证明了中、瑞之间亦曾有过一条茶叶之路，更使人感悟到古人的才智和聪明。①

欧洲运茶船（据吴觉农《茶经述评》）

大宗的茶叶贮藏，除了传统的石灰块收藏法、炭贮法外，目前尚有抽气充氮法等。家庭中收贮茶叶，则以罐贮法为宜。罐贮可用瓷瓶、陶罐、漆盒、玻璃罐等容器，尤以锡罐为上。

---

① 参见卢祺义《乾隆时期的出口古茶》，载《农业考古》1993 年第 4 期

清人刘献庭《广阳杂记》卷三说："惠山泉清甘于二浙者，以有锡也。余谓水与茶之性最相宜，锡瓶贮茶叶，香气不散。"周亮工《闽小纪》亦云："闽人以粗瓷胆瓶贮茶，近鼓山支提新茗出，一时学新安，制为方圆锡具，遂觉神采奕奕。"可见明代后期已采用锡具贮茶。潮人之锡茶罐正是对此传统之继承。

目前市面上的锡罐，多杂入铅锌等金属，久用是否有碍健康，尚未见有关论述。晚近流行的不锈钢大口双盖茶罐，洁净轻巧，又有各种不同规格，使用颇感方便。即如常见的马口铁罐，使用前如先以少量茶末擦拭内壁除去异味，亦不失为方便实用的贮茶用具。贮藏的茶叶，只要含水量不超过6%便好。用手指可将茶叶捻成粉末，即可久藏不败。倘能放入一小袋硅胶（出现红色时取出，用微火烘或日晒至变绿色，又可继续使用），效果将更理想。

清代潮州锡茶罐

新茶与陈茶

俗话说："饮茶要新，喝酒要陈。"

宋代的唐庚在《斗茶记》中已说过："吾闻茶不问团铐，要之贵新。"欧阳修曾因参加祀太庙大典，受皇帝所赐龙茶一饼，"不敢碾试"，长年珍藏。唐庚因此嘲笑他："自嘉祐七年壬寅至熙宁元年戊申，首尾七年，更阅三朝而赐茶犹在，此岂复有茶也哉？"

对于大部分茶叶品种而言，新茶确比陈茶好。隔年陈茶，无论是色泽还是滋味，总给人一种"香沉味晦"的感觉。因为在存放过程中，由于光、热、气的作用，茶叶中的一些酸、酯、醇类及维生素类物质发生缓慢的氧化或缩合，最终使茶叶的色香味形等朝着不利于茶本质的方向发展，产生陈气、陈味与陈色。

但是，并非所有的茶叶皆如此，名茶如碧螺春、西湖龙井等，如果能在生石灰缸中贮存一两个月，青草气可消失而清香倍增。

乌龙茶类中的不少品种，亦有隔年陈茶反而香气馥郁、滋味更醇厚的特点。铁观音、凤凰单丛等皆是如此。

一般说来，新茶汤色清淡鲜亮，口感偏于"薄"而香气较高，往往是沸汤方注入即满室氤氲；陈茶则汤色偏红、偏浓，香气不很明显而"喉底"极好，韵味醇厚深沉。因此，不少老茶客喜欢把当年的新茶买来后，妥加收藏，隔年再拿出来（有时视茶叶的具体情况而加以"复火"处理）享用，以领略那种令人陶醉的深沉香韵。

清初周亮工《闽茶曲》之六说：

> 雨前虽好但嫌新，火气教除莫接唇。
> 藏得深红三倍价，家家卖弄隔年陈。

可见，古人也深知武夷陈茶的妙处，其价格竟是新茶的三倍！

总之，茶的新与陈和质量概念上的好与次，并无对应的关系。新茶与陈茶各有特点，各领风骚。选用什么样的茶叶，全凭饮用者的喜好，与其他事情一样，不应该而且实际上亦无法强求一律。

（二）择 水

古人对饮茶用水的认识与实践

水，是茶的载体，离开水，所谓的茶色、茶香、茶味便无从体现。因此，择水理所当然地成为饮茶艺术中的一个重要组成部分。

明代熊明遇《罗岕茶记》云："烹茶，水之功居大。"张大有《梅花草堂笔谈》说："茶性必发于水。八分之茶，遇水十分，茶亦十分矣；八分之水，试茶十分，茶只八分耳！"

两段话讲的都是同一个意思：用好水泡较次的茶，茶性会借水而充分显现出来，变成好茶；反之，用较次的水泡好茶，茶便变得平庸了。

水在茶艺中的地位如此重要，因此，从唐代中期艺术性饮茶蔚成风气以来，择水、论水、评水，便成为茶界的一个热门话题。归纳起来，历代论水的主要标准不外乎两个方面：水质和水味。水质要求清、活、轻，而水味则要求甘与冽（清冷）。

清，是相对浊而言。用水应当质地洁净，这是生活中的常识，烹茶用水尤应澄澈无垢，"清明不淆"。为了获取清洁的水，除注意选择水泉外，古人还创造了很多澄水、养水的方法。田艺衡《煮泉小品》说：

> 移水取石子置瓶中，虽养其味，亦可澄水，令之不淆……择水中洁净白石，带泉煮之，尤妙，尤妙！

这种以石养水法，其中还含有一种审美情趣。另外，常用的还有灶心土净水法。罗廪《茶解》说："大瓷瓮满贮，投伏龙肝一块——即灶中干土也——乘热投之。"有人认为，经这样处理的水还可防水虫孳生。

煎茶的水须"活"，古人早有深刻的认识。苏东坡有一首《汲江水煎茶》诗，前四句是：

> 活水还须活火烹，自临钓石汲深清。大瓢贮月归春瓮，小杓分江入夜铛。

南宋胡仔在《苕溪渔隐丛话》中评曰："此诗奇甚！茶非活水，则不能发其鲜馥，东坡深知此理矣！"

水虽贵活，但瀑布、湍流一类"气盛而脉涌"，属于缺乏中和淳厚之气的"过激水"，古人亦认为与主静的茶旨不合。用这种水去酿酒也许更合适。

水之轻重，有点类似今人所说的软水、硬水。硬水中含有较多的钙、镁离子和铁盐等矿物质，能增加水的重量。用硬水泡茶，对茶汤的色香味确有负面影响。清人因此而以水的轻重来鉴别水质的优劣并作为评水标准。

据陆以湉《冷庐杂识》所记，乾隆每次出巡都要带一个精工制作的银质小方斗，命侍从"精量各地泉水"。结果是：京师玉泉之水，斗重一两；济南珍珠泉，一两二厘；惠山、虎跑，各比玉泉重四厘……因

天下第一泉（据阮浩耕《品茶录》）

此，乾隆还亲自撰文，把颐和园西玉泉山水定为"天下第一泉"。从此出巡时必以玉泉水随行，但由于"经时稍久，舟车颠簸，色味或不免有变"，所以还发明了"以水洗水"的方法：把玉泉水纳入大容器中，做上记号，再倾入其他泉水加以搅动，待静止后，"他水质重则下沉，玉泉体轻故上浮，提而盛之，不差锱铢"。（据《清稗类钞》）乾隆测水、洗水的办法是否科学、可靠，姑且置而不论，但古人对"轻水"之重视程度，于此可见。

甘洌，也称甘冷、甘香。宋徽宗《大观茶论》谓："水以清、轻、甘、洁为美，轻、甘乃水之自然，独为难得。"明代高濂《遵生八笺》亦说："凡水泉不甘，能损茶味。"水味有甘甜、苦涩之别，一般人均能体味。"农夫山泉有点甜"，这一时髦的广告语，倒也道出好水的特点。

明代田艺蘅说："泉不难于清，而难于寒。"泉而能洌，证明该泉系从地表之深层沁出，所以水质特好。这样的洌泉，与"岩奥阴积而寒者"有本质的不同，后者大多是潴留在阴暗山潭中的"死水"，经常饮用，对人不利。而被称为"天泉"的雪水却甚宜于烹茶。《红楼梦》中妙玉用藏了五年、从梅花上扫下的雪水烹茗，虽然是小说家言，却并非全出于想象，经现代科学检测，雪水中重水含量比普通水要少得多，而重水对所有生物的生长过程都有抑制作用。

从水质和味上加以长期观察后，陆羽在《茶经》中写下了"山水上，江山中，井水下"的结论。据唐代张又新《煎茶水记》所说，陆羽还把天下的水分为二十等，依次列为："庐山康王谷水帘水，第一；无锡县惠山寺石泉水，第二……"但与他同时另一位"为学精博，颇有风鉴"的刘伯刍却认为"扬子江南零水，第一；无锡惠山寺石水，第二……"排列

天下第二泉（据阮浩耕《品茶录》）

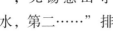

次序大不相同。此后，关于各地水质次第的争论，竟延续了千年之久且一直未有结论，这说明了感官鉴定难免有主观性和片面性。在鉴定水质方面要想做到既可意会，又能言传的话，还须靠科学分析手段。

目前，茶界对饮茶用水所认定的水质主要标准是：色度不超过15度，无异色；浑浊度小于5度；无异臭异味，不含有肉眼可见物；pH值为6.5～8.5，总硬度不高于25度；毒理学及细菌指标合格。

古人饮茶，注重于水自汲、茶自煎。把汲水、养水当成整个品茶过程的一部分。他们那些经过长期实践而总结出来的品水结论，虽然带有一些玄虚的成分，但更多的是与科学道理暗合或相通。对此，我们既无须一味盲从，但也不应一笔抹杀。了解、掌握水须"清、轻、活、甘、冽"的原则，无疑将有助于我们更好地选择饮茶用水。

水土相宜茶自佳

由于条件所限，陆羽不可能遍尝全国各地名泉，所以能够荣列他的"名泉榜"的泉水（含雪水）只有二十位。但陆羽的名气太大了，以致历代不少茶人都囿守在这一"名泉效应"圈中而难于自拔。

晚唐的李德裕当宰相时，因喜爱惠山泉，叫人从江苏无锡直到长安设"递铺"专门为他运送惠泉水，自授政敌以攻击之把柄。北宋京城开封的达官贵人也极力推崇惠山泉，同样不远千里，运送惠泉水。欧阳修请蔡襄为他书写《集古录》序文，后精选四件礼品作为润笔，其中就有惠泉一瓶。由于经过长途跋涉后水味易变，京师的茶客们还创造了一种"拆洗惠山泉"的办法，即当泉水到达时，"用细沙淋过（即用细沙过滤一下，以除杂味），则如新汲时"（周辉《清波杂志》卷四）。明代讲究品茶的文人无法得到惠山泉，便挖空心思，把一般的泉水煮开后，倒入安放在庭院背阴处的小缸内，到月色皎洁的晚上揭去缸盖，让泉水承夜露，反复三次，再将泉水轻酌入瓷坛中，据说用这样的水"烹茶，与惠泉无异"，故称为"自制惠山泉"（见朱国桢《涌幢小品》）。崇拜名泉至此地步，已有点"望梅止渴"的意味了。

其实，张又新的《煎茶水记》早已记录了陆羽的几句话："夫茶烹于所产处，无不佳也，盖水土之宜。离其处，水功其半。"其意思说：茶出产在哪里就用哪里的水来烹煎，没有效果不好的，这是因为水土相宜。水再好，运到远处，它的功能也只剩一半。

宋代的唐庚是个豁达者，他在《斗茶记》中说：

> 吾闻茶不问团铸，要之贵新；水不问江井，要之贵活。千里致水，真伪固不可知，就令识真，已非活水。

所以当他被贬惠州时，每次烹茶，"提瓶走龙塘无数十步，此水宜茶，昔人以为不减清远峡"，旋汲旋烹，深得其乐。他曾作诗《嘲陆羽》，但从上述的几句话看来，他正是对陆羽的择水理论有深切体会的异代知音。

陆羽足迹未及潮郡，潮境内的泉水自然无缘进入"名泉录"，但这并不意味着潮境无好泉、潮人不晓择水。

北宋唐庚《梦泉诗序》云：

> 潮阳尉郑太玉梦至泉侧，饮之甚甘，明日得之东山上，因作《梦泉记》示余，余作此诗。

诗中且有"名酒觉殊胜，宜茶定常煎"之句。

潮阳西岩问潮泉（该泉有一独脚联："吾乡陆羽茶经不列名次之泉。"据张新民《潮菜天下》）

《海阳县志·金石略》记潮州西湖山《濮邸题名》："淳熙丙午中秋，濮邸赵中德具伊蒲（按，指斋供；素食）游蒙斋……登卓玉，上深秀，汲泉瀹茗，步月而归。"赵中德所汲之泉，应是蒙斋旁之"蒙泉"。据清人林大川《西湖记》卷二所记："蒙泉，距五龙潭二里。凡水一经火煮，皆减分量，惟蒙泉任煮不减，亦奇泉也。"

明代南京礼部尚书黄锦《黄冈竹枝词》谓："石壁山头峰插天，石壁山下草如烟，半腰白鹭飞不去，道是岩边涑玉泉。"自注曰："（黄冈）城后有石壁山，山有泉名涑玉，烹茶颇佳。"清末的江苏巡抚丁日昌在《偕王熙亭明府，王景康别驾游潮阳县东山曲水亭》中说："漫把兰亭胜迹夸，流觞韵事遍天涯。如何一勺曹溪水，淡却人间七品茶。"注语谓："泉上有亭，题曰'曲水流觞'。惟泉过于清冽，茶虽佳不能出味，为水所夺故也。"

上述掌故，说明历代潮人皆精于择水。而潮郡的名泉，可谓比比皆是，如潮州西湖的凤栖泉、处女泉；澄海之凤泉、狮泉、象泉、灵泉；惠来的甘泉、君子泉；潮阳的卓锡泉；普宁马嘶岩的流泉；揭阳的狮子泉、茉莉泉、八功德水泉……这里所开列的，是名副其实的"挂一漏万"，真要作一番普查的话，真不知要开出多长的一串名单。何况，还有很多"养在深闺人未识"的深山大岭中的"未名"泉。

除了山泉，潮境内的韩江、榕江、练江、凤江等，只要未受污染，亦皆是水质纯美的江河。从前，沿江居民多有入江心取水烹茶者，有时江水稍浑，亦不用加什么白石、伏龙肝或施于"拆洗"手段，只需投入一点明矾，搅动几下，静置片刻便成清甘澄碧的好水，其味不下山泉。

此外，遍布城乡的水井，亦是工夫茶客最方便且取之不竭的烹茗源泉。在幽静的古城中，每家都有一口以上大小不一的水井，有客登门，几句寒暄之后，马上开炉升火，再亲临井边，抖动长绳短绠，颤悠悠地汲起一小桶夏冽冬温的井水来。望着水面摇漾不停的波光，听着那淅淅沥沥的滴水声响，自有一番舒心的意趣。

清人林大川《西湖记·甘露井》云：

井在（紫竹）庵前，名甘露。泉极清冽，取少许入口，拆舌一挠，圭角磷磷，诚为上品，凤城有抱卢仝癖者，先放竹筹于庵，山夫挑水，执以为信，防欺也。余诗有"不知陆羽如来此，品作人间第几泉？"指此。

当然，最著名且屡成名家吟咏对象的，还是潮州湖山的山泉。丘逢甲《潮州春思》之六，至今仍脍炙人口：

曲院春风啜茗天，竹炉榄炭手亲煎。
小砂壶瀹新鹩嘴，来试湖山处女泉。

饶锷先生《西湖山志》谓此泉"深居幽谷，从不见人，正如处女，故以处女名之。时有游虾逐队而出，泉活故也"。因此，昔时潮城中很多老茶客皆往彼处汲取活泉，甚至有专以挑运泉水为生者。

相传有一富家日日雇人挑水，每当泉水进门，只取前桶而倾去后桶之水，人问其故，曰："后桶多汗气、屁气。"这则传说很快会使人联想起元代大画家倪云林的一段趣事。据《驹阴冗记》所载：云林"尝使童子入山担七宝泉，以前桶煎茶，后桶濯足。人不解其意，或问之，曰'前者无触，故用煎茶；后者或为泄气所秽，故以为濯足之

潮州西湖处女泉

潮州工夫茶话

用。'"上述两家确实迂腐得可以。试想入山挑水，哪有中途不换肩的道理？路愈远，换肩的次数愈多，两个水桶，又怎能分清哪个为前，哪个为后？不亲事劳作的人，难免要闹出一些常识性的笑话。不过，不管传说是否属实，在慎于择水这一点上，的确是古今茶人，人同此心。

在过去，要亲身践履陆羽提出的"茶烹于所产之处，无不佳也"的主张，亦不是容易的事。凤凰单丛产于凤凰山，请问有多少人能天天得到产地的泉水？但是，随着矿泉水问世，这一难题已迎刃而解。比方说，用取自凤凰山地表下200多米的"潮宝"一类的矿泉水来冲沏凤凰单丛茶，那味道确实好极了，而只要你肯花费，上街一转便如探囊取物。这是现代科技带给茶人的福音。当然，如果矿泉水厂能一念及此，在包装及价格方面予以调整的话，产、销双方定能皆大欢喜。

（三）择　器

翁辉东《潮州茶经·工夫茶》〔茶具〕中开列了茶壶（冲罐）、盖瓯、茶杯、茶盘、茶洗、茶垫、丝瓜络、水瓶、水钵、龙缸、红泥火炉、榄核炭、砂铫、羽扇、铜火箸、锡罐、竹箸（挟茶渣用）、茶担、茶桌、净巾等二十余事。但是，古今势异，生活方式有所不同，要求遵古法制，全面继承工夫茶具和传统，除了某些专业茶馆的特殊需要之外，显然不合现实。在纤尘不染的现代客厅中，依然"竹炉榄

炭手亲煎"，弄得火星四溅、烟气熏人，又有谁愿意如此且"乐此不疲"？因此，近数十年来，工夫茶具中的"四宝"除罐、杯外，玉书碨（即砂铫）与小泥炉已渐次退出历史舞台；其他的茶具，亦正朝着简便实用的方向不断地改革。

传统工夫茶具

清代潮州陶茶罐

羽扇

冲罐与盖瓯

紫砂罐，潮人称为"冲罐"，一直是冲工夫茶的主角。自从水仙茶系崛起以后，它的地位亦受到盖瓯强有力的冲击。

水仙茶系的各个名种，大都条索修长挺直，一副剑拔弩张的样子，要把它们纳入冲罐的樱桃小口，颇不容易。强行按入，势必伤筋动脉，把条索折断，开汤以后增加涩味；耐着性子逐条装入，条索间的关系又很难理顺，且会留下很多间隙，使壶中茶叶"不满泡"，开汤后不够味。尤为恼人的是，茶事完毕清理茶具时，已泡开的茶叶在壶中抱成一团，只能用手指一点一点地往外抠。于是，冲罐渐渐失宠，而大肚能容、笑口常开的盖瓯，因能使茶叶出入自由而备受茶客钟爱。

不过，诚如《潮州茶经》所言，盖瓯"因瓯口阔，不能留香"，而且不能像冲罐那样在冲入沸水以后再在外面"淋罐"追热，因而冲沏出来的茶汤，其色、香、味又确实比用冲罐的逊色。

为了调和这对矛盾，精明的陶艺师傅于是设计出一种广口紫砂罐，有的甚至在罐内加上一个截筒式带有漏水孔的衬罐，使纳茶与倾渣都能"直入直出"，十分畅快方便。

广口紫砂罐

20世纪90年代以后，随着紫砂器的风行，冲罐又慢慢地回到茶客的身边。而且茶客们经亲身践履后发现，用冲罐泡茶确有许多为盖瓯所不具备的意趣，除了能使茶味"越发醇郁芳沁"外，冲罐本身那种使用越久，越发光泽美观的特点，尤足令人倾心。乃知周高起在《阳羡茗壶系》中所说的"壶经久用，涤拭日加，自发闇然之光，入手可鉴，此为书房雅供"诸语，确为的论。正因为冲罐兼有实用、鉴赏、收藏等多方面价值，故虽纳茶、倾茶时稍为麻烦，但茶客们依然乐此不疲，而上档次的宜兴冲罐的价位亦一路飚升，贵如珙璧。

可与宜兴罐媲美的是潮州枫溪的手拉坯朱泥壶。相传自嘉庆、道光年间，手拉朱泥壶即已面世，并出现了"老安顺"、"源兴炳记"、"裕德堂"等制壶名店、名坊。与国内其他地方的制壶技艺相比较，朱泥壶在造型、釉面、密封度、薄度等方面都堪称一流，如今更是名师辈出，作品在各类工艺美术大赛中斩金夺银、引领风骚。

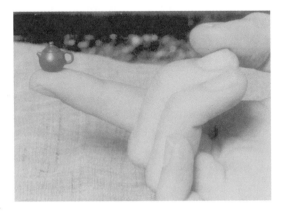

枫溪朱泥壶——章氏微型壶

用枫溪手拉壶冲泡凤凰单丛茶，已成潮人生活中的一种时尚。

枫溪朱泥壶——竞艳十全壶（章燕明制作。据《潮州工艺》2010 年第 2 期）

值得一提的是，21 世纪初潮州修建防洪通道时，曾在上水门地段出土一座红泥炉和一个手拉壶壶体，后者为平底（无圈足），经有关人士认定，应是明代之物。果如此，则潮州手拉坯朱泥壶的起源当前推 200 多年。

明代潮州八角红泥炉

明代潮州手拉壶

以上两物现藏潮州天羽茶斋，倘能组织专家论证，对潮州陶艺史当有裨益。

可以预见，未来的工夫茶座中，将是冲罐与盖瓯"双雄并峙"的局面。至于阁下愿用哪一种，全凭您自行抉择。使用冲罐的，自然要加配茶垫、丝瓜烙（或垫毡）。有关冲罐的款式、特点及选择，翁著《潮州茶经》言之甚详，请参阅。

烹水器具

泥炉、砂铫等烹水用具，是工夫茶具改革中变化最大的几种。

加盖红泥炉

高脚泥炉

白泥炉

红泥炉

刻有对联的泥炉

民国红泥炉，外用铜箍加固

传统的红泥（或白泥）小火炉，俗称"风炉仔"，高六七寸，炉面有平盖，炉门有门盖，茶事完毕后，两种盖都盖上，炉中的余炭便自行熄灭变成"冇炭"，下次升火时可作为引火物，既安全、节约，操作又十分方便。又有一种高二尺余的高脚炉，下截有格如桌子的抽屉，可盛榄核炭，一物两用，允称精巧。

砂铫俗称"茶锅仔"、"薄锅仔",雅名叫"玉书碨",（义何所取,未详）系用含砂陶泥做成的小水壶。砂铫与泥炉配套,称"风炉薄锅仔",两者形影相随,原为潮汕民家必备之物。其配件则有金属做成的火箸、鹅毛扎成的羽扇,以为挟炭、扇炉之用。

20世纪60年代以后,木炭供应紧张,用铁皮制作的蓝焰煤油炉应运而生。其时棉湖等地尚有专门生产该产品的工厂,商店里陈列着大大小小的可供做饭或烹茶的煤油炉,可谓极一时之盛。

风炉薄锅仔

煤油炉使用起来虽很方便,但升火时、熄火后那股刺鼻的油味令人心烦,因此又有酒精炉问世。酒精的气味虽不像煤油那么难闻,但它不经烧,有时一泡茶尚未用毕,又要熄火加酒精,仍感不便。因此,当70年代后期电热壶兴起后,煤油、酒精炉渐渐销声匿迹。

电热壶最初采用塑胶做外壳,因装有内热式电热管,热效率高,省电、实用、方便,一问世便受用户欢迎。近期创制的不会产生异味的玻璃电热壶,因加上一个离合式可自动升温、保温、水少则断电的底座,用起来更理想。此外,各种品牌的大容量多用电热水瓶,集合了烧水、保温、气压等功能,加上华丽的包装,如今亦神气地摆在很多家庭的茶几上。

不过,电热烹水用具功能再多、使用再方便,却有一个因储水量偏多所带来的缺陷,瓶内的水往往会开了又凉,凉了再开,经多次反复沸腾,变成"老汤"。而且,密封式的水壶,亦难于使人体味到候汤的情趣。所以,市面上又开始流行一种小巧的石油气茶炉,其结构略似以前的煤炉,却绝无恼人的异味。在轻巧的炉架上,就着蔚蓝的火焰,坐上一把小钢精锅、砂铫或玻璃壶,又能领略到"蟹眼已过鱼眼生,飕飕欲作松风鸣"的情致。倘若设计者能给这种气炉穿上泥炉式的外衣的话,"竹炉榄炭手自煎"的意趣,便将在注入现代内容之后,重新回到茶客的身边。

不过,如果要品味工夫茶的神韵的话,还真的离不开"竹炉榄炭手自煎"这一程序。

　　榄炭，即用盛产于粤东的一种"乌橄榄"的果核烧成的炭。乌榄一名"木威子"，核果比橄榄大，成熟时果皮呈紫黑色，故称"乌榄"。其果肉用盐腌制后可供食用，是下饭的佳味，核仁可作饼食之馅料，果核的外壳十分坚实致密，烧成的炭，既经烧且火力均匀，升腾的浅蓝色焰火中，还有一种为其他木炭所无的幽香，因而成为工夫茶座之一宝。

榄核炭

烧出来的火焰带蓝色，火力均匀

　　同样的水，用电热壶烧的与用榄核炭、砂铫烧的味道确实不一样。这事儿听起来有点玄，但只要您到潮州天羽茶斋去当面一试，马上就高下立判：眼前两个白瓷杯，一样的白开水，口感平淡无奇的是电热壶烧的；喝后有点绵软且有甜丝丝感觉的，便是用榄炭、砂铫煎出来的水。在事实面前，您不得不佩服古人在烹水方法上的高明创造。

　　近年来，榄核炭已有专人试产，可惜产量不多，所以除了个别茶馆偶有出售外，市面上还难于见其身影。

茶洗与茶杯

　　什么是茶洗？顾名思义，"茶洗"就是用来洗茶的工具。

　　茶叶要洗吗？是的，这是明人的讲究。冯可宾的《岕茶笺》说，烹茶之前，"先用上品泉水涤烹器，务鲜务洁；次以热水涤茶叶"。方法是，用竹筷夹茶叶"反复涤荡，去其尘土黄叶老梗使净"，然后再放入壶中，盖好闷一会，再用沸水冲瀹。据文震亨《长物志》所载，茶洗"以砂为之，制如碗式，上下二层。上层底穿数孔，用洗茶，沙垢皆从孔中流出，最便"。宜兴也产紫砂泥茶洗，据周亮起所说，也是"式如扁壶，中加一盎，鬲而细窍，其底便过水漉沙"。

翁著《潮州茶经》中所说的茶洗，却是"形如大碗，深浅式样甚多"。"烹茶之家必备三个，一正二副。正洗用以浸茶杯，副洗一以浸冲罐，一以储茶渣暨杯盘弃水。"这种茶洗，其实与书画家的笔洗差不多，其功能也不光在于洗茶。

20世纪60年代枫溪创制的茶洗，在茶具改革中，居功至伟。这种外观如铜鼓的器皿，也分上下两层，上层中间开有几个小孔以供泄水，其形制与明人的记述完全一样，因此应正名为茶洗。新型的茶洗，上层就是一个茶盘，可陈放几个茶杯，洗杯后的弃水直接倾入盘中，再通过中间小孔流入下层空间。烹茶事毕，加以洗涤后，茶杯、盖瓯（冲罐）等可放入茶

枫溪生产的茶洗

洗内。一物而兼有茶盘及三个老式茶洗的功能，简便无比又不占用太多空间，难怪家家必备，而且经常被当成礼品以馈赠远方来客。

茶洗，常被人误称为"茶船"，这是一种必须纠正的称谓。茶船是盖瓯底托的专称。据唐代李匡乂《资暇录》所载："茶托子，始于建中（唐代宗年号）蜀相崔宁之女。"崔宁之女喜喝茶，嫌茶盏烫手，便用碟子装入融软的蜡，按出盏脚的形状后，叫漆匠依照模型复制。崔宁很欣赏千金的杰作，特命名为"茶托"，后遂流行于世。因为它的形状像浮在水面上的小船，故又称"茶船"、"茶舟"。不过这则记载并不可靠。1975年，江西省吉安县等地已出土有南朝齐永明十一年（493年）的青瓷托盏，可见早在南北朝时期，已有茶船"驶"入茶座。

盛茶的器具，唐代用碗，宋代用盏，宋时以"茶色白为佳"，故茶盏多为深色的兔毫盏，且盏壁均较厚。明、清以后则多用杯。

有关工夫茶的文献中，多提到"若深杯"。这种白地蓝花、底平口阔，杯背书"若深珍藏"的茶杯系康熙年间产品，"若深"是人名

还是斋号，有关陶瓷鉴赏一类的书籍中均未提及。

韩江出水的宋代茶盏

若深杯

茶杯"不薄则不能起香，不洁则不能衬色"。目前流行枫溪产的、形如半个乒乓球的白瓷杯就很符合这方面的要求，而且名称"白玉令"（按，《晋书·石苞传》："俊〈石苞之子〉字彦伦，少有名誉，议者称为令器。"此处之"令器"，犹云美材。白瓷杯称"白玉令"，其意当为"白玉般之美材"），可谓物美名更美。

白玉令

20世纪70年代，枫溪陶瓷工艺师郑才守曾带一套茶杯送给老师关山月。关老凝视一番后说："茶是素净之物，饮茶是雅事，你在杯沿画上带腥气的水墨虾，合适吗？品茶的时候，两根长脚好像要伸过来钳夹人的嘴唇，不好。"第二回，郑才守又精心绘制了一套彩蝶杯，关老看后更不满意地说："蝴蝶虽美，但身上带有含细菌的粉尘，端杯的时候，心里老想着那些脏东西，还有品茶的雅兴吗？"郑才守傻了。第三回，他干脆什么都不画了，就带一套素地的茶杯。没想到，这一回关老连声赞许，高兴地说："这就对了，这个好！用这种杯品茶，那才叫高雅。我可收下了，谢谢！"

工艺美术是特殊的行当，实用是第一要义。美术大师的话，宜为茶具设计者和品茶者所谨记。看来，白如玉、薄如纸、声如磬的“白玉令”，还是让它洁身如玉为好。

（四）烹　法

工夫茶的烹法，翁著《潮州茶经》已作了详细介绍，这里仅就闻见所及，略作阐析、补充。

治器与纳茶

烹茶之前，当先升火烹水。如果用新型的烹水器，以前那一套点火、扇炉的程序自可减省，只需加水通电（或点燃煤气）即可。候沸期间，可将一应茶具取出陈列、就位，并开始“炙茶”：从锡罐中取茶置于洁白的素绵纸上，双手捏紧素纸边缘，在炭炉上上下左右摇动烘烤，闻到茶香后离火，左手托纸，右手将茶叶翻动，再行烘烤，待香清味正，置茶几上稍晾片刻。这时，水初沸，提铫倾水淋罐、淋杯使预热（略似古人之“熁盏”）、洁净。铫复置炉上添水后继续加热。倾出罐中沸水，开始纳茶。

纳茶的工夫至关重要，它关系到未来茶汤的质量，如斟茶时是否顺畅、汤量是否恰到好处等。每见有用冲罐泡茶者，才一二冲，壶中茶叶即胀出壶面，顶起盖子，或斟茶入杯，杯中满布茶末，或壶嘴须插入一支牙签，不然茶汤便无法斟出……这都是纳茶不得法的缘故。

纳茶之法，须按《潮州茶经》所言，从茶罐中“倾茶于素纸上，分别粗细，取其最粗者，填于罐底滴口处；次用细末，填塞中层，另以稍粗之叶，撒于上面”。纳茶之量，应视不同品种而定。一般说，福建茶条索卷结如螺头，叶片间隙小，纳入罐量之五六成即可；凤凰水仙系茶叶条索强直，叶片互相“架空”，茶可纳至与罐面持平。此

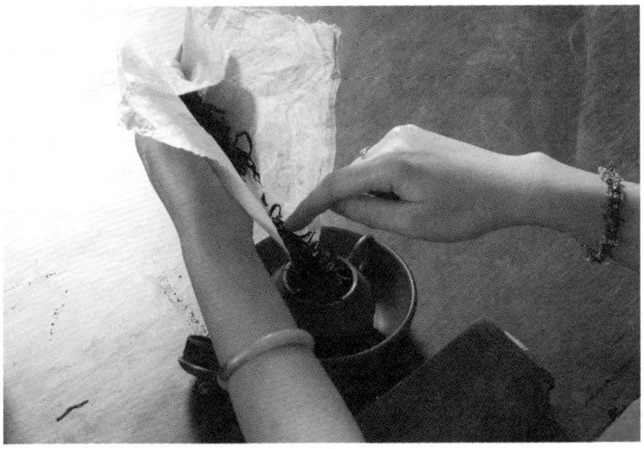

纳　茶

外，还要参看茶叶中整茶与碎茶间的比例而作适当调整，碎叶越多，纳茶量越少，反则反之。总之，纳茶须具一定的技巧与经验，但只要细心体会，多实践几次，自能"神明变化"，得心应手。

炙茶在唐代是人们饮茶过程中重要的一个环节，一般是在碾茶前进行。宋代制茶法有别于唐代，故蔡襄在《茶录》中说，"茶或经年，则香、色、味皆陈"，这样的茶才需炙，"若当年新茶，则不用此说（即不用炙）"。明代人瀹饮散条形茶，故省去炙茶这一步骤。潮人炙茶，可以说是对陆羽《茶经·五之煮》的继承。而不管新茶或陈茶（不是霉茶、败茶）在经过炙烤之后，其提香效果均十分明显。不过由于当今烹茶多用电热器具，所以除了十分专业的茶馆，已难再闻到炙茶时那沁人心脾的满屋茶香。

候 汤

古人品茶，首重煎水。

苏辙《和子瞻煎茶》诗云："相传煎茶只煎水，茶性仍存偏有味。"水煎得好，才能保存茶性，使色、香、味更美。

唐代煎茶用镂（即敞口锅），可以直接观察到水沸的全过程。陆羽《茶经·五之煮》说：

煎 水

> 其沸如鱼目微有声，为一沸；缘边如涌泉连珠，为二沸；腾波鼓浪为三沸。

宋代煎水用瓶，难以目辨，故多依靠水的沸声来辨别汤候。南宋罗大经《鹤林玉露》记其友李南金所说的：

> 《茶经》以鱼目、涌泉连珠为煮水之节，然近世瀹茶，鲜以鼎镂，用瓶煮水，难以候视，则当以声辨一沸、二沸、三沸之节。

怎么办呢？他提出了一种叫"背二涉三"的辨水法，即水煎过第二沸（背二）刚到第三沸（涉三）时，最适合冲茶。还做了一首诗加以说明："砌虫唧唧万蝉催（初沸时声如阶下虫鸣，又如远处蝉噪），忽有千车捆载来（二沸，如满载而来、吱吱哑哑的车声）。听得松风并涧水（三沸，如松涛汹涌、溪涧喧腾），急呼缥色绿瓷杯（这时赶紧提瓶，注水入瓯）。"

水煎得过头或不及，古人常用"老"（或称"百寿汤"）、"嫩"（或称"婴儿沸"）二字加以形容。这种讲究，看似繁琐，实则有其道理。没烧开或初沸的"嫩"汤，泡不开茶固然不好；开过头的水，随着沸腾时间延长，会不断排除溶解于水中的气体（特别是二氧化碳），此即陆羽所说"水汽全消"，亦会影响茶味。特别是不少河水、井水含有一些亚硝酸盐，煮的时间太长，随着蒸发的加剧，其含量相对增加；同时，水中的部分硝酸盐亦会因受热时间长而被还原为亚硝酸盐。亚硝酸盐是一种有害的物质，喝下有害物质含量高的水，自然对人体不利。

候汤（铫中腾波鼓浪，铫嘴水汽喷出，正是三沸之时）

对李南金的"背二涉三"法，罗大经并不赞同，他说："瀹茶之法，汤欲嫩而不欲老，盖汤嫩则茶味甘，老则过苦矣。若声如松风涧水时遽瀹，岂不过于老而苦哉！"罗大经为什么主张用嫩汤呢？这里就涉及另一个问题：不同品种的茶叶，对水温有各不相同的要求。

高级绿茶多以嫩芽制成，不能用100℃的沸水冲泡，一般以80℃左右为宜。红茶、花茶及中低档绿茶则要求用100℃的沸水。乌龙、普洱和沱茶，每次用量多，茶叶又较粗老，更要求用沸滚的水冲泡。生活在南宋时期的罗大经饮用的正是用嫩芽制作的团茶，所以他说的话不无道理。但他提出的"修正"办法"松风桧雨到来初，急引铜瓶离竹炉。待得声闻俱寂后，一瓯春雪胜醍醐"，与李南金"背二涉三"法其实并无太大的分别。而且，他的主张与工夫茶的候汤法正好相同：按传统，工夫茶炉与茶几间须隔七步，这样，铫中的"背二涉三"汤端到茶几前，岂不正好是"声闻俱寂后"？

对此，梁实秋先生颇不以为然。他说："不知是否故弄玄虚，谓茶炉与茶具相距以七步为度，沸水温度方合标准。"梁先生不谙工夫茶道，自难体味"七步"之奥妙：其一，榄核炭再好，燃烧时亦多少有些许气味，拉开距离，可避烟火气；其二，砂铫置火炉上，扇火时难免有些火灰洒落铫嘴，所以老练的茶客在冲水入罐前总要倾去一点"水头"，以清除不易觉察的灰垢。扇火催沸时火苗四窜，而铫嘴中空，无水可传热，其热度远在百度以上，如不稍事冷却，倾出"水头"时，刚接触到铫嘴的水柱会溅出滚烫的水珠，弄不好会伤人；其三，刚到三沸的水经短暂的停留，正好回到不嫩不老的二沸状态，所以说，"七步为度"并非故弄玄虚。

冲点、刮沫、洗茶、淋罐、烫杯

冲点。取滚汤，揭罐盖，沿壶口内缘冲入沸水，叫做冲点。冲点时水柱切忌从壶心直冲而入，那样会"冲破茶胆"，破坏纳茶时细心经营的茶层结构，无法形成完美的"茶山"。冲点要一气呵成，不要急促、断续，即不要冲出宋代人所说的"断脉汤"。冲点时砂铫与冲罐的距离要略大，叫"高冲"，使热力直透罐底，茶沫上扬。

刮沫。必使满罐而忌溢出，这时茶叶的白色泡沫浮出壶面，即用拇、食两指捏住壶盖，沿壶口水平方向轻轻一刮，沫即坠散入茶垫中，旋将盖盖定。

洗茶。壶盖盖定后，立即倾出茶汤，以去除茶叶中所含杂质，这一程序谓之"洗茶"，倾出的茶汤废弃不喝，倾尽后再注入沸水。

洗茶是20世纪60年代才兴起的冲茶环节，其时对这种"头过淋杯"的做法，老一辈茶客不怎么认同，

高　冲

刮　沫

理由是“头过茶”色浓香烈，弃之可惜；新一代茶客则认为茶叶生产过程中总会带些杂质，还是洗去为宜，且洗茶过程短暂，茶叶有效成分尚未泡出，即有亦微乎其微。工夫茶讲究一个“烫”字，头冲水洗茶，能起到预热茶叶的作用，再次冲泡后茶的色香味更能得到淋漓尽致的发挥。如今，洗茶已成为烹工夫茶常规流程之一。

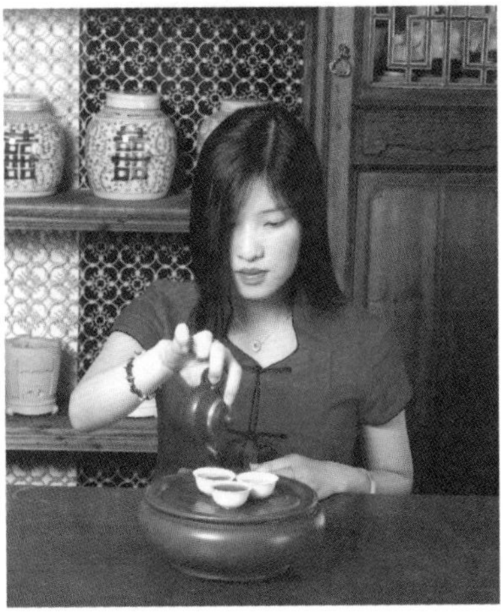

洗　茶

淋罐。洗茶以后，再冲点入沸水，盖上壶盖，复以热汤遍淋壶上，以清除黏附壶面的茶沫。壶外追热，内外夹攻，以保证壶中有足够的温度。冬日烹茶，这一环节尤其重要。

烫杯。淋罐后，将铫中余汤淋杯。砂铫添水后放回炉上烧第二铫水。再回到茶几前“滚杯”：用食、中、拇三指捏住茶杯口和底沿，使杯子侧立浸入另一个装满沸水的茶杯中，轻巧快速地转动，务使面面俱到，里外均匀地受洗受热。每个茶杯都要如此处理，这是二次“熁盏”。因为只有“烧（热）盅烫罐”即杯罐皆热，方能起香。

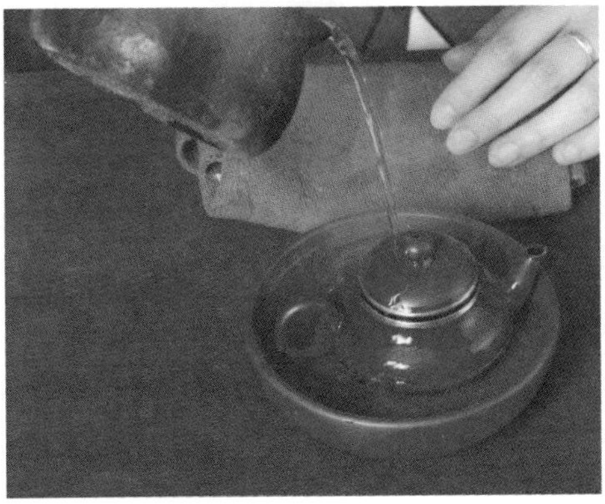

淋　罐

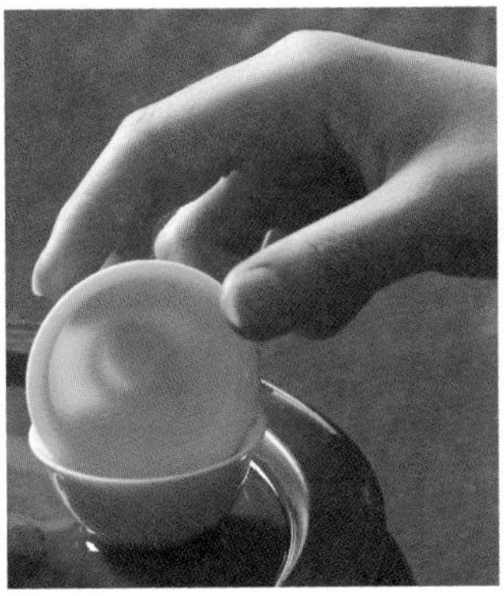

滚　杯

用盖瓯瀹茶时，上述程式大体相同。但盖瓯不宜淋罐，所以刮沫以后，一般是迅速将瓯中茶汤倾入茶洗，再次冲点。这样做亦能起“洗茶”及预热的作用。

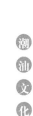

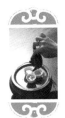

盖瓯冲泡法——纳茶

盖瓯冲泡法——高冲

盖瓯冲泡法——刮沫

盖瓯冲泡法——洗茶

盖瓯冲泡法——洒茶

洒茶与品茶

冲点后，经淋罐、烫杯、倾水，正是洒茶的适当时刻。从冲到洒的过程，俗称为"熁"（潮语读〈何音〉）。熁要恰到好处，太速则香色味不出，太迟则茶色太浓，茶味苦涩。其大致标准是：淋罐后附在罐身上的水分全部蒸发干后，就意味着茶已"熟"，这时便可提壶斟茶（亦称洒茶）。斟茶有"低、快、匀、尽"四字诀：洒茶时冲罐要靠近茶杯，叫"低斟"，以免激起泡沫、发出滴沥声响，且可防止茶汤散热太甚；"快"，指洒茶时动作要敏捷，使香气不散失并保持热度；"匀"，是要求做到各个茶杯都能均匀承茶，故洒茶时要按顺时针方向（三杯以上者）将茶汤依次轮转洒入茶杯，须反复两三次，叫"关公巡城"，使各杯汤色均匀；茶汤洒毕，罐中尚有余沥，须尽数滴出并依次滴入各杯中，叫"韩信点兵"。余沥不滤出，长时间浸在罐中，味转苦涩，会影响下一轮冲泡质量；余沥又是茶汤中最醇厚的部分，所以要均匀分配，以免各杯味有参差，这就叫做"尽"。

洒茶既毕，即可延客品茶。品饮时杯沿接唇，杯面迎鼻，边嗅边饮。饮毕，三嗅杯底。斯时也，"芳香溢齿颊，甘泽润喉吻，神明凌霄汉，思想驰古今，境界至此，已得'工夫茶'三昧"。

自 20 世纪 90 年代以来，社会上饮茶之风气日见浓烈，工夫茶的冲泡程式亦随着各地茶馆的兴起而逐步推广到全社会，成为茶艺表演的主要规程。而台商的介入，台湾茶具的引进，又使其规程出现一些变化：茶几上除冲罐、小杯外，还配有用于取茶、纳茶的茶匙；便于纳茶的漏斗；用于通壶嘴、掏茶渣的竹木签、竹批；用以夹杯、冲洗茶杯的竹夹；还有柱形的小瓷筒，称为"闻香杯"；带有手把，形似咖啡杯，用以承接茶汤的"茶海"。茶海口沿配有漏斗状、底部加有铜丝滤网的"茶筛"，功能在滤去茶汤中的碎屑，并使分倾入茶杯中的茶汤无浓淡酽薄之分，可免去"关公巡城"、"韩信点兵"等程序，故亦称"公道杯"。表演时，淋罐、烫杯、纳茶、冲点、刮沫等仍遵古法，但茶汤先倾一部分入闻香杯，再将杯倒扣过来，使茶汤流入杯下之容器，然后把空的闻香杯传给客人闻香。茶壶中的余汤则经茶筛注入公道杯，再分斟入小茶杯请客人品尝。

潮汕文化丛书

三 茶艺篇

洒茶——关公巡城　　　　　　洒茶——韩信点兵

品茶——请用茶　　　　　　　品茶——品茶

平心而论，这种改良后的工夫茶艺，除了增加一些表演因素外，对于体现茶的色、香、味、韵而言，不但没有帮助，反而打了折扣。《茶经》云，茶须"乘热连饮"，但经"公道杯"一番折腾以后，茶汤几乎变成"温吞水"；传统工夫茶艺在品茶时要求"杯缘接唇，杯面迎鼻，香味齐到"，啜后要"三嗅杯底"，故"闻香杯"之增设，可谓多此一举……何况当今之表演，一些操作过于夸张，已近舞台动作，亦难避花拳绣腿之嫌。但世间之事往往是"存在即合理"，上述茶艺既然能风行一时，我们亦无妨以"百花齐放"之平常心相对待，各行其是可也。

工夫茶艺与《茶经》

俞蛟《潮嘉风月》记工夫茶，开宗明义的第一句话便是："工夫茶，烹治之法本诸陆羽《茶经》，而器具更为精致。"

对这句话，有关辞书在〔工夫茶〕释义时几乎无一例外地予以征引。

烹治之法，主要是指烹治的方式、方法，即我们所说的茶艺。那么，工夫茶艺真的是"本诸陆羽《茶经》"吗？恐不尽然。

陆羽的《茶经》，只是总结了唐代及唐代以前的茶事。宋代已有人批评过《茶经》不切合宋代茶事实际，譬如黄儒《品茶要录·后论》就说：

> 昔者陆羽号知茶，然羽之所知者皆今所谓草茶，何哉？鸿渐所论蒸笋并叶畏流其膏，盖草茶味短而淡，故常恐去其膏。建茶力厚而甘，故惟欲去膏。又论福建而未详。往往得之，其味极佳。由是观之，鸿渐未尝到建安欤？

乾隆间纪晓岚在《四库全书》的《续茶经〈提要〉》中，亦对陆羽《茶经》的权威性、指导性提出质疑：

> 自唐以来阅数百载，凡产茶之地，制茶之法，业已历代不同，即烹茶器具亦古今多异，故陆羽所述，其书虽古而法多不可行于今。

如前所述，工夫茶指的是用小壶、小杯冲沏乌龙茶的品茶程式，以此而言，工夫茶与《茶经》所说的煎茶法，存在极大的反差。

一是物。唐代饮茶用的是蒸青法的团茶，烹治之前还要经过炙、碎、碾、罗等程序，使之变成粉末；工夫茶用的是经炒、焙制成的散条形乌龙茶，冲沏前不用再加工。

二是法。唐代通行的是煎饮法，即把末茶放入釜中煮，是名副其实的煎、烹。工夫茶采用的是瀹饮法，即把散茶搁进壶中用沸水泡。

虽然有些诗文往往称之为"烹"、"煮"，但那都是文人喜用古称以求高雅的一种写作习惯，无法改变"泡"的实质。

三是器。唐代煎茶用釜，盛茶用碗。工夫茶瀹茶用罐，斟茶用小杯。

四是品。唐代饮茶，是连汤带茶叶渣带沫饽（即茶汤上浮沫）一齐喝下，而且认为"沫饽，汤之华也"，是茶的精华所在。同时，水沸时要加点盐调味。工夫茶却是只品茶汤，汤中不能有茶渣，并视茶沫为不洁不韵之物，刮之唯恐不净，而且茶汤中绝对不能有咸、酸等异味。

可以这样认为，在涉及烹治之法的四个最本质的特征上，《茶经》所代表的唐代煎茶法与工夫茶迥然有别。因此，对于"工夫茶，烹治之法本诸陆羽《茶经》"这一论断，确有重新审视的必要。

至于《茶经》列举的诸多用具，如风炉、羽扇、铁箸、木炭、水钵、水瓢等，工夫茶具不但与其相同，而且更为精致。但这些器具，工夫茶区有，其他类型的茶区亦有；唐代有，宋元明清各代亦有。所以，它们不是考察茶艺异同的带本质性的因素。

这么说，工夫茶是不是"离经叛道"了呢？绝对不是。广义之"法"，包含有规制、准则等概念，它与具体的烹治方法，既有联系，又有区别。工夫茶艺与《茶经》的煎茶法不同，这是时代发展的必然。但在精神实质、品饮艺术的准则上，却是对《茶经》的继承和弘扬，这一点，我们将在《茶道篇》中再作阐述。

清末民初满族人唐晏（满族名瓜尔佳氏·震钧）曾撰《天咫偶闻》一书，其中的《茶说》是一篇记述他自己品饮茶的实践及体会的文字。有些茶书把其饮茶法等同于工夫茶，这恐怕是不小的误会。先看其文：

茶说

煎茶之法，失传久矣，士夫风雅自命者，固多嗜茶，然止于水瀹生茗而饮之，未有解煎茶如《茶经》、《茶录》所云者。屠纬真《荈茶笺》论茶甚详，亦瀹茶而非煎茶。余少好攻杂艺，而性尤嗜茶，每阅《茶经》，未尝不三复求之，久之若有所悟。时正侍先君子维阳，因精茶所集也，乃购茶具依法煎之，然后知古人煎茶，为得茶之正味，后人之瀹茗，何异带皮食哀家梨者乎。闲居多暇，撰为一编，用贻同嗜。

一择器。器之要者，以铫居首，然最难得佳者。古人用石铫，今不可得，且亦不适用。盖铫以薄为贵，所以速其沸也。石铫必不能薄；今人用铜铫，腥涩难耐，盖铫以洁为主，所以全其味也，铜铫必不能洁；瓷铫又不禁火，而砂铫尚焉。今粤东白泥铫，小口瓮腹极佳。盖口不宜宽，恐泄茶味，北方砂铫，病正坐此，故以白泥铫为茶之上佐。凡用新铫，以饭汁煮一二次，以去土气，愈久愈佳。次则风炉，京师之石灰木小炉，三角，如画上者，最佳，然不可过巨，经烧炭足供一铫之用者为合宜。次则盏，以质厚为良，厚则难冷，今江西有仿郎窑及青田窑者佳。次茶匙，用以量水，瓷者不经久，以椰瓢为之，竹与铜皆不宜。次水罂，约受水二三升者，贮水置炉旁，备酌取，宜有盖。次风扇，以蒲葵为佳，或羽扇，取其多风。

二择茶。茶以苏州碧螺春为上，不易得，则杭之天池，次则龙井；茶稍粗，或有佳者，未之见也。次六安之青者，若武夷、君山、蒙顶，亦止闻名。古人茶皆碾，为团如今之普洱，然失茶之真；今人但焙而不碾，胜古人，然亦须采焙得宜，方见茶味。若欲久藏，则可再焙，然不能隔年。佳茶自有其香，非煎之不能见。今人多以花果点之，茶味全失。且煎之得法，茶不苦反甘，世人所未尝知。若不得佳茶，即中品而得好水，亦能发香。凡收茶必须极密之器，锡为上，焊口宜严，瓶口封以纸，盛于木箧，置之高处。

三择水。（略）

四煎法。东坡诗云"蟹眼已过鱼眼生，飕飕欲作松风鸣"，此言真得煎茶妙诀。大抵煎茶之要，全在候汤。酌水入铫，炙炭于炉，惟恃鞴鞴之力，此时挥扇不可少停。俟细沫徐起，是为蟹眼；少顷巨沫跳珠，是为鱼眼；时则微响初闻，则松风鸣也。自蟹眼时即出水一二匙，至松风鸣时复入之，以止其沸，即下茶叶，大约铫水半升，受叶二钱。少顷水再沸。如奔涛溅沫，而茶成矣。然此际最难候，太过则老，老则茶香已去，而水亦重浊；不及则嫩，嫩则茶香未发，水尚薄弱，二者皆为失饪，一失饪则此炉皆废弃，不可复救。煎茶虽细事，而其微妙难以口舌传，若以轻心掉之，未有能济者也。惟日长人暇，心静手闲，幽兴忽来，开炉蒸火，徐挥羽扇，缓听瓶笙，此茶必佳。凡茶叶欲煎时，先用温水略洗，以去尘垢。取茶入铫宜有制，其制也，匙实司之，约准每匙受茶若干，用时一取即足。煎茶最忌烟炭，陆羽谓之"茶魔"。桫木炭之去皮者最佳。入炉之后始终不可停扇，若时扇时止，味必不全。

五饮法。古人饮茶，燖盏令热，然后注之，此极有精意。盖泉热则茶难冷，难冷则味不变。茶之妙处，全在火候，燖盏者，所以保全此火候耳。茶盏宜小，宁饮毕再注，则不致冷。陆羽论汤有老、嫩之分，人多未信，不知谷菜尚有火候，茶亦有形之物，夫岂无之？水之嫩也，入口即觉其质轻而不实；水之老也，下喉始觉其质重而难咽，二者均不堪饮。惟三沸已过，水味正妙，入口而沉着，下咽而轻扬，

抿舌试之，空如无物，火候至此，至矣！煎茶水候既得，其味至甘而香，令饮者不忍下咽。今人瀹茗全是苦涩，尚夸茶味之佳，真堪绝倒！

凡煎茶只可自怡，如果良辰胜日，知己二三，心暇手闲，清淡未厌，则可出而效技，以助佳兴。若俗见相缠，众言嚣杂，既无清致，宁俟它辰。

上文首句即言"煎茶之法，失传久矣"，可知他"三复求"的是煎茶法。他嘲笑"止于水瀹生茗而饮之"的瀹饮法，"何异带皮食哀家梨者"。他的煎法是：以小口瓷腹的粤东白泥铫烧水，"自蟹眼时即出水一二匙，至松风鸣时复入之，以止其沸，即下茶叶……少顷水再沸，如奔涛溅沫，而茶成矣"。所用的茶叶，则"以苏州碧螺春为上，不易得，则杭之天池，次则龙井……若武夷、君山、蒙顶，亦止闻名"。显然，他所品饮的也只限于绿茶而已。

改釜为铫，改末茶为散条形绿茶，唐晏所实践的，正是经过改进的唐人煎茶法。尽管他的器具很精致，甚至还特别推崇粤东白泥铫，程序亦十分"工夫"，但与"小壶小杯冲沏乌龙茶"的潮州工夫茶，依然是南辕北辙，不可相提并论。

四、茶道篇

（一）茶道的概念

技艺，事理，思想体系，皆可称之为"道"。《礼记·中庸》："道也者，不可须臾离也。"朱熹注："道者，日用事物当行之理。"这一注释，言简意赅。

提起茶道，人们往往只知有东瀛而不知有中国。其实，茶道一词，早已见诸唐代文献。

唐代的卢仝写过一首人所熟知的《走笔谢孟谏议寄新茶诗》，中有"一碗喉吻润，两碗破孤闷，三碗搜枯肠，唯有文字五千卷。四碗发轻汗，平生不平事，尽向毛孔散。五碗肌骨轻，六碗通仙灵，七碗喫不得，惟觉两腋习习清风生"之句而被人称为"七碗茶诗"，卢仝因此亦被尊为"茶亚圣"。但是，比他略前、与陆羽交谊甚契的诗僧皎然，早就有过议论更深刻的《饮茶歌诮崔石使君》诗，中云：

元代钱选《卢仝烹茶图》

……一饮涤昏寐，情来朗爽满天地。再饮清我神，忽如飞雨洒轻尘。三饮便得道，何须苦心破烦恼。此物清高世莫知，世人饮酒多自欺。愁看毕卓瓮间夜，笑向陶潜篱下时。崔侯啜之意不已，狂歌一曲惊人耳。孰知茶道全尔真，唯有丹丘得如此。

诗中的毕卓，是晋代出名的酒徒。相传其任吏部郎时，得知同事新酿正熟，已喝得醉醺醺的他，又连夜潜入宅中去偷酒喝，结果醉倒在瓮下。据《神异记》说，虞洪入山遇见一位牵三条青牛的道士，领他到瀑布下说："我是神仙丹丘子，听说你善作茶饮，希望能得到你的惠赐。"于是指示一棵大茶树。从此，虞洪便以此树之叶制茶饮祭祀他。

皎然此诗，正式提出了"茶道"二字。在他看来，茶是清高之物，非酒可拟。毕卓偷酒固不足取，连陶渊明东篱把酒，亦大可不必。茶可以涤昏寐、清神意、破烦恼，以茶代酒，能更达观、更清醒地面对爽朗的天地（"全尔真"），像丹丘子一样地入圆融、率真的精神境界。

另据唐代封演《封氏闻见记》所载，陆羽"为茶论，说茶之功效并煎茶、炙茶之法，造茶具二十四事，以都笼统贮之，远近倾慕，家藏一副"。"有常伯熊者，又因鸿渐（陆羽之字）之论，广润色之，于是茶道大行。"

可见，皎然、封演虽然提出了"茶道"的概念，其含义却有所不同。封氏偏重于煎茶、炙茶等法，是艺茶之术。皎然则偏重于贯彻在艺茶过程中的精神。为了叙述方便，我们将前者称为"茶艺"，将后者称为"茶道"，而两者的综合就是茶文化，也即广义的"茶道"。

茶艺，有名、有形，是茶文化的外在表现形式；茶道，是精神、本质，是必须通过心灵去感悟的东西。有艺无道，艺便缺乏神采；有道无艺，道即成为空洞的理论。艺道结合，物质与精神圆融统一，艺中有道，道中有艺，这就是我们所要探讨的茶道。

（二）工夫茶道的核心——和、敬、精、乐

工夫茶是瀹饮茶法之极致

《茶经·六之饮》曰："天育万物，皆有至妙。""所庇者屋，屋精极；所着者衣，衣精极；所饱者饮食，食与酒皆精极。"接着，他列举了茶的"九难"，意即从采造、鉴别、用具、用火、择水、烤炙、

碾末、烹煮、饮用九个方面，都应力求其精。

精，正是工夫茶最突出的特点，它体现在烹制、品饮过程中的每个环节，而不仅仅是"器具更为精致"而已。

陆羽号称"茶圣"，其《茶经》虽有划时代的贡献，但由于时代的局限，他所倡导的煎茶法应该说只是一种由粗放式喝茶向艺术性品饮的过渡形式。

宋代的点茶法虽改煎为瀹，但制茶时在蒸青后又加了一道榨汁的工序，烘焙团茶时又要用沸水"过汤"，几经折腾，茶的真香真味较唐代损失更大。而且，唐宋人饮茶时，是连汤花、茶叶、茶汤一齐咽下，这在今天看来，实有不雅、不韵之嫌。

与唐宋相比，明人自诩用沸水冲瀹散条形茶的瀹饮法乃"开千古饮茶之宗"，实不为过。时至今日，瀹饮法仍是世人品饮茶的主要形式，正可证明此法之合理、优越。

但是，长期的品饮实践也暴露了普通瀹饮法的很多不足之处，而这些不足，一般都能在工夫茶艺中得到补偿。下面仅举数例加以说明。

1. 在"热"字上做足文章

潮州民间流传着一则笑话：茶座中来了一位新客，主人请他品茶。饮罢，主人问："如何？"客答："好。"主人又问："好在哪里？"客答："唅烧。（够热）"一座皆窃笑。

其实，被笑的应该是茶座中人或笑话的编造者。因为，来客的回答尽管只有两个字，却道出了品茶的真谛：热。

《茶经·五之煮》曰：茶煎好后须"乘热连饮之。以重浊凝其下，精英浮其上，如冷，则精英随气而竭"。

李时珍在《本草纲目·茶》中引陈藏器曰："饮之宜热，冷则聚痰。"又引李廷飞曰："大抵饮茶宜热、宜少。"

一从品饮，一从养生，角度虽不同，实质却一致：茶宜热忌冷。

用普通瀹饮法，不管是大壶、大杯，还是盖碗、保温杯，都无法满足自始至终保持茶汤滚热的要求。因为：第一，滚沸的水冲入未经预热的杯中，杯体、茶叶都会吸走部分热量；第二，从沸水入杯到茶叶泡出色味来，须一定时间，这是一个不断降温的过程；第三，一杯或一盖碗茶，须分若干口喝下，喝喝停停，难免一口比一口冷。

用工夫茶法，"乘热连饮"便有了切实保证：一系列的烫罐淋杯、罐外追热、高冲低斟的程式，能有效地减少泡、斟过程中热量的散失；杯小如核桃，几可一口啜尽，可避免先一口、后一口冷热不均的弊病；壶小如鸡子，故冲工夫茶要分多轮（潮人称"巡"）进行。这样能不断续入沸水，使壶中持续保持高温。汉化了的旗人唐晏喝的虽不是工夫茶，但《茶说》中说："古人饮茶，爇盏令热，然后注之，此极有精意。盖盏热则茶难冷，难冷则味不变。""盏宜小，宁饮毕再注，则不致冷。"确是行家之言，与工夫茶有异曲同工之妙。

2. 完美地体现了"茶性俭"的特点

《茶经·五之煮》云：

茶性俭，不宜广。（广）则其味黯淡。且如一满碗，啜半而味寡，况其广乎！

"茶性俭"的"俭"，含有贫乏、不丰足意思。也即是说，茶汤的水浸出物中，有效成分的含量不多，因此，泡茶的水不宜多，多了滋味就淡薄。陆羽讲的虽是煎煮的末茶，但他总结出来的"茶性俭"的原则却具有普遍意义。明代冯可宾《岕茶笺》说的茶壶"以小为贵"，"茶中香味，不先不后，只有一时。太早则未足，太迟则已过，见得好，一饮而尽"，亦属名家经验之谈。在这方面，小壶小杯的工夫茶，最能体现"茶性俭"的特点。而多轮冲泡法对于准确把握泡茶时间、恰到好处地体现茶的香味亦极其有利。而普通瀹饮法却因杯、壶、碗太大，水太多，茶味偏淡，又无法"一饮而尽"，势必出现杯中的茶汤越来越冷，而茶的色、味却愈后愈浓的现象，很难做到每一口都品到茶的真香。

3. 一杯澄澈韵更幽

不同的时代有不同的审美观念。令唐宋人为之倾倒的茶面汤花，到了明代，却成为必须去除的不洁不韵之物。为此，明人在瀹茶前特意增加一道"洗茶"的程序，列为煎茶四要之一（顾元庆《茶谱》）。

在当代，由于设备精良、包装妥善，市面出售的茶叶已不用像明人那样"反复涤荡，去其尘土黄叶老梗使净"，但当沸水冲入茶杯时，仍不免会有少许泡沫和叶梗浮于杯面。这既不雅致，亦给品饮带来不少小麻烦，品茶者须不时用口吹开或用盖碗盖抹开漂在汤面上的"障碍"。看似悠闲高雅，实是不得已而为之。但这些麻烦在工夫茶中已了无踪影。

工夫茶艺中的刮沫（或用盖瓯操作时的弃去头冲水），就是去除泡沫的妙法。纳茶时之"分层结构法"，又可使经过粗茶叶层过滤的茶汤澄澈无渣。此外，工夫茶因杯小、香浓、汤热，故啜后杯中仍有余香，这是一股比从茶汤上溢出的香气更深沉、更浓烈的"山韵"气，"嗅杯"因此亦成为其他瀹饮法所无而为工夫茶所独有的雅趣。

刚接触工夫茶的人，往往因其浓而生畏，其实大可不必。陈椽先生在《论茶与文化》一书中指出，浓茶有不同的概念：叶量很多，开水很少，香味浓，如闽南、粤东饮武夷山岩茶，随泡随饮，饮量很少，有害物质没有泡出来，则无害。相反，冲泡很久，茶汤不倒出来，引起色香味很大变化，茶汤品质劣变，有害物质部分或全部浸出，这种浓茶则危害很大。

可见，工夫茶确实是既考究又科学的瀹饮法中的极致，是对《茶经》"精极"精神的继承与弘扬。

"和、敬"精神的自然流露

"和、敬"之为茶德，古今中外皆同。

客来敬茶，以茶示礼，增进情谊，互爱同乐，是茶德的基础。但是，这种"和、敬"的情调，在普通饮茶法中，只能借助外在形式予以体现，难于融入茶艺本身。正如明代冯可宾《岕茶笺》中所言："茶壶，窑器为上，又以小为贵。每一客一把，任其自斟自酌，方得其趣。"用茶壶如此，用大杯、盖碗亦一样。一人一器，各自为饮，趣是得了，但在体现"和、敬"精神方面，难免带来某些局限。

《茶经·六之饮》云：

> 夫珍鲜馥烈者，其碗数三。次之者，碗数五。若座客数至五，行三碗；至七，行五碗。

意思是说，一"则"茶末只煮三碗才能使茶汤鲜爽浓烈，较次的是煮五碗（因为"茶性俭，不宜广"）。如座客为五人，就煮三碗分饮；座客有七人时，则按五碗均分。可知在陆羽的时代，社会上通行的是"差额品饮法"。既然有差额而不是人手一碗，品饮时就必须互

相谦让，故"和、敬"精神就很自然地贯穿在整个品饮的过程中。

古人饮茶，喜清静而不喜杂沓。明人屠本畯《茗笈》谓：

饮茶以客少为贵。客众则喧，喧则雅趣乏矣。独啜曰幽，二客曰胜，三四曰趣。

陈继儒《岩栖幽事》云：

品茶，一人得神，二人得趣，三人得味，七、八人是名施茶。

潮人亦有谚曰："茶三酒四'踢拖'（借音，意谓游玩）二。"因为饮酒往往要行令、赋诗，每人一句，四人正好凑成一首绝句；游要时人多意见难一致，故以两人为宜，既不寂寞，又可免去无谓纷争。而饮茶时确以三人为宜：因茶性俭不宜广，三四轮后，茶味渐薄，人如果太多，后饮者只能享用淡茶汤，有失礼客之道。人太少了，每轮必饮，又觉孤寂寡欢。但这仅是就一般情况而论，并不意味着工夫茶座有只限三人的规定。

工夫茶的冲罐有单杯至四杯等规格。一般是，三人用二杯壶，四人用三杯壶，五人以上用四杯壶。这样，当每一轮茶洒罢，总有一位座客要轮空。因此在斟完首轮茶之后，小辈必敬长辈，主人要让客人，便成为不成文的品茶规范。其后，则主客互让、长幼互让，谦让声不绝于耳，和融气氛充溢茶座，"和、敬"的精神得到最充分又非常自然的体现。

饮茶往往能造成一种人们相互沟通、相互理解的良好氛围，营造宁静祥和的境界。这是茶文化中的共性，不是工夫茶所独有，故此处不详加讨论。

"和、乐"的使者

饮茶，在满足生理需求的同时，又能给人以各种各样的精神享受，这种享受就是"趣"。

唐代温庭筠《采茶录》云：

李约，汧公子也。一生不近粉黛，性辨茶。

俞蛟《潮嘉风月·丽品》记：石姑、小娜是六篷船上二个名妓，"毗陵（常州）陈云羁旅梅州，每月夜，即招两人煮工夫茶，细啜清谈，至晓不及乱。"

掏腰包宿娼，却终夜品茶，有人问其原因，回答是：她俩好比"名花缀于树枝，迎风浥露，神致飞越。若折而嗅之，生气寂然，有何意趣？"苏东坡曾说"从来佳茗似佳人"，但像李、陈两位的作为，已经是"佳茗胜佳人"了。这是奇特的意趣。

《旧唐书·陆贽传》："刺史张镒有时名……遗贽钱百万，贽不纳，唯受新茶一串。"

陆贽是一位正气凛然、冷若冰霜的高官，他肯接受馈赠的茶叶，可见自古以来，"受茶"于品行无亏，这略近我们所说的"清茶一杯"的本意，是为"清趣"。

欧阳修的《尝新茶呈圣俞》诗有句云：

> 泉甘器洁天色好，坐中拣择客亦嘉。
> 新香嫩色如始造，不似来远从天涯。

茶新、泉甘、器洁，是器物美；座中有嘉客，是人事美；天色好，是环境美，此即"三点"，反之，即是《苕溪渔隐丛话》所说的"三不点"。

明人对品茶环境的要求更严格。例如，《岕茶笺》中提出了"十三宜"，即：一无事，二佳客，三独坐，四吟诗，五挥翰，六徜徉，七睡起，八酒醒，九清供，十精舍，十一会心，十二赏鉴，十三文僮。此外还有包括不如法、恶具、主客不韵、冠裳苛礼、荤肴杂陈、忙冗、壁间案头多恶趣等"七禁忌"。

不管是简还是繁，上述的各种规定都说明了，历代士大夫皆视品茶为风致高雅之事，须有幽雅的品茶环境，这可称为"雅趣"。

饮工夫茶亦要求有"窗明几净"、"小院焚香"一类的氛围，但它又不拘泥于精致的环境。农院中、工棚内，荧屏侧，宴会间，泉石林亭，集市商店，工余酒后，假日良宵……到处都有提壶擎杯、长斟短酌的人群。甚至在从前潮郡民间的游神过程中，身处鞭炮轰鸣、鼓乐喧阗、万头攒动的场合，边走边吹拉弹唱的游行队伍，亦不忘抽暇饮上几杯由随队进退的专职人员所烹制的工夫茶。潮州市博物馆收藏的

制作精巧的金漆木雕"茶挑"，就是印证当年这种奇特情景的实物见证。品茶，确已成为潮人日常生活中不可或缺的重要内容。

食茶——泉石林亭茶韵悠（据郭马风《潮汕茶话》）

食茶——只要有茶喝，管它坐与蹲

食茶——别看我小，茶座中也有我一份（全南海摄，据张新民《潮菜天下》）

明代屠隆《考槃余事》谓"茶之为饮，最宜精形修德之人"。"使佳茗而饮非其人，犹汲泉以灌蒿莱，罪莫大焉。有其人而未识其趣，一吸而尽，不暇辨味，俗莫甚焉。"工夫茶当然是佳茗，在潮汕却几乎无人不饮它，屠隆若有见及此的话，不知他将生发出怎样的感慨。

工夫茶既是可登大雅之堂的饮茶艺术，又是跳出了狭隘的文人圈、扎根于大众沃壤的民俗。雅中有俗，俗中有雅，雅俗共赏，大雅而大俗，这正是它魅力与生命力之所在。人们从它身上既可寻求理趣，更可得到愉悦与怡乐。"一好皇帝个阿爸，二好烧茶嘴边哈，三好烧水烫卵脬（阴囊）。"从这种质朴得有点粗鲁的民谚所映射出来的，正是一种为潮人所认可的"茶中有乐，乐在茶中"的观念。

茶挑（右边的放火炉、木炭，左边的放茶具、茶叶，挑上肩，便可边走边泡茶）（黄舒泓摄）

如果说，"和与敬"是工夫茶的总体精神的话，那么，"精"字，就是工夫茶的本色；而"乐"字，便是工夫茶的灵魂。

（三）工夫茶道与日本茶道

日本是一个善于学习和吸收的民族。许多外来文化一旦移植入日本的本土，经过整合、扬弃，使之更符合其国情之后，往往便会打上"大和民族"的印记，成为日本文化的有机组成部分。日本茶道也是如此。在经历了漫长的发展进程后，它已形成鲜明的民族特色，并在世界茶文化领域中享有相当的声誉。

将工夫茶道与日本茶道作一番简单的比较，其目的在于增进了解、促进茶文化的交流，而不是为了对两者进行扬抑或褒贬。

茶艺之差别

日本茶道是"末茶"道，中国的工夫茶道则是"散茶"道，其时代反差极大。

唐宋时代，许多到中国求学的日本僧人，如最澄、空海、荣西等先后把中国的种茶、制茶、烹茶方法带回日本。由于当时中国仍处在"末茶时代"，所以日本茶道至今仍沿袭饮用末茶的习尚。

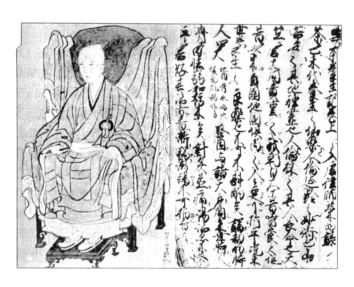

日本荣西和尚及其所著《吃茶养生记》（据吴觉农《茶经述评》）

其操作方法是："茶娘把开水倒入一个灰白色的粗糙大碗里，用一根棒子（茶筅）搅拌，碗里浮起了春天里松针一样翠的绿色末，上面则浮着细细的泡沫。"（林清玄《抹茶的美学》）显而易见，他们采用的仍是宋代的点茶法。

品饮环境的差别

日本茶道有专用茶室，茶室前有一个茅屋形式的"山门"，入门后是一小庭园，步过花径即达茶室。室门偏矮，成人入屋一般都要低头弯腰，以示恭敬。茶室中只有地上的炉子，炉上的水壶，一支夹炭的火钳，一幅简单的字画，一瓶造型奇异的插花，此外再无摆设。茶室中不能高声说话，更不能谈笑喧哗。总之，它所要求的是清、寂的气氛。

日本京都大德寺孤蓬庵忘筌内部（据冈仓天心《说茶》）

如此严肃、拘谨的环境，与中国工夫茶的随遇而安，应时而设，可厅可房、可立可坐，可动可静，可唱可歌……正成鲜明对照。

品饮观念的差别

日本茶道形成之始，便和佛教有着密切的关系。

至今仍收藏在日本京都大德寺、由宋代中国高僧圆悟克勒禅师书的"茶禅一味"的字幅，颇能代表日本茶道的精神追求。

15 世纪奈良僧人珠光首创茶道，初名"茶之汤"，这与中国禅寺的"茶汤会"可谓一脉相承。其后，珠光的第三代弟子千利休（1522—1591 年）又创立了"陀茶道"。他根据《法华经·信解品》"犹处门外，止宿草庵"的启示，提出了"茶道的真谛在于草庵"的主张，并在禅院主房外搭建草庵式的小茶室，这一形式遂流传至今。

千利休生活在一个群雄争霸、战乱不休的时代，他希望通过茶道营造一种和平、礼敬、清醒、寂静的环境，使人们随时反省、自律，以期消弭纷争。这种禅宗式的苦修，需要的是苦寂，唯有苦寂方能求得精神上的解脱，因而非但诗词、音乐、花鸟等，连多余的言语都与这一宗旨不相适宜。而相应的礼仪却十分刻板、繁复。

日本茶室"又隐"外观（裏千家珍藏）（据［日］千宗室审订、滕军译《日本茶道文化概论》）

利休居士画像，长谷川等伯笔（裏千家珍藏）（据［日］千宗室审订、滕军译《日本茶道文化概论》）

日本冈仓天心先生在《说茶》中说：

茶道的整个理想即是从生活的细小的事情中悟出伟大这一禅的概念的产物。道教奠定了审美理想的基础，禅宗则把这些理想付诸现实。

因此，体验茶道的人进入茶室时，推门、跪坐、寒暄有一定的礼节；主人煎水、冲茶、献茶有一定规范；其他如擦碗、接物、品茶、说话等也有细致的程序和规矩。可以这样说，日本茶道讲究的是内在的精神修养，追求的是极度专注、宁静、肃穆的气氛和情绪，使人进入一种类似"禅定"的奇特境界。因此，有人把它称为"美学宗教"，正如日本学者仓泽行洋先生在《艺道的哲学》中所指出的：

茶道是茶至心之路，又是心至茶之路，如用图示意的话，就成为"茶⇌心"。这里的心是绝对的"真心"，与佛教的"空"、"无"是相通的。……茶道是宗教的一种存在形式。

（据［日］千宗室审订、滕军译《日本茶道文化概论》）

工夫茶却是一种雅俗共赏的大众化的品饮艺术。饮工夫茶，是生理卫生的需要，但它不以解渴为唯一的目的，而是艺术化的品饮；它也包含理趣，但更多的是生活情趣；它讲究烹茶的技艺、程序，但又不是为形式而形式，而是通过形式去更加充分地发挥茶的物质功能和品茶过程中的精神功能，从而使人得到感性和理性的愉悦和享受。日本茶道有"和、敬、清、寂"四规（亦称四谛、四则）；工夫茶道则是"和、敬、精、乐"，而且它不应称为"四规"，而应称为"四趣"。

（四）工夫茶与现代社会

时下有一种颇为流行的说法：闽南人、潮汕人饮乌龙茶颇为考究，由于冲泡时颇费工夫，故被称为饮"工夫茶"。

本来，这只不过是阐析工夫茶含义的一种提法，正确与否，原可展开讨论；赞成抑或反对，亦可听之任之，悉听尊便。但问题是，从"颇费工夫"上再加以推论，而且是一推再推，一环紧扣一环，于是便有了很多题外的纷争。

有论者认为，人的工夫（时间）是一个定数，此长则彼消。譬如一个壁橱，旧棉被、碎布头放得多了，贵重一些的东西便搁不进去。从这个前提出发，于是就有了推论一，工夫茶"费工夫"，势必挤走其他的工夫；推论二，工夫茶充其量不过是一种喝茶的工夫，为它花费的工夫多了，会排斥别的更有价值、更有意义的工夫；推论三，老是在工夫茶上费工夫，会使人养成一种闲逸、懒散、讲求享受的心理惯性，从而妨碍了在其他方面下工夫；推论四，在工夫茶上费工夫的人多了，久而久之，便会形成一个具有"工夫茶心态"的、不讲效率、不识大体、好逸恶劳、小事聪明而大事糊涂等劣根性的群体……这样推论下去，其最后的结论自然是非常的不美妙，即使不心惊胆战，起码也会叫人直打哆嗦。

其实，早在民国二十年（1931年）编纂的《厦门志·风俗记》〔杂俗〕中，已有类似的观点：

俗好啜茶，器具精小。壶必曰孟公壶，杯必曰若深杯……名曰"工夫茶"……有其癖者，不能自己，甚有士子终岁课读，所入不足以供茶费。亦尝试之，殊觉闷人，虽无伤于雅尚，何忍以有用工夫而弃之于无益之茶也！

与以上这种视茶事为无益的、带有棒杀意味的观点截然相反的，是视茶事为"万能"的吹捧论：茶事，这好那好，这美那美，简直是世间最美好的事物，可以为其大唱赞歌：喝了我的茶哟，品德完美，天下为公；世界将更神圣、美好，人类将更安乐、和谐！

对此，陈椽先生在《论茶与文化》一书中曾严正指出：

> 我们要老老实实保卫几千年来众多人创造的果实，不能故弄玄虚……饮茶能否"廉俭育德"，不能！有些人长久饮茶，却非廉非德；饮茶能否"美真康乐"，不能！有些中青年茶业工作者，天天饮茶不断，得癌病而呜呼！饮茶能否"和诚处世"和"敬爱为人"，亦万万不能！事例很多，不胜枚举。

话也许偏激一点，但对那些持"茶事万能"论者，还不失为一帖清醒剂。征之于史实，亦可证陈先生所言不虚：宋徽宗是个深得茶中三昧的皇帝，还曾亲笔撰写《大观茶论》，但他绝非君子，只是个祸国殃民的昏君。上过《议茶法》奏疏的王安石，却对品茶一窍不通，曾在名茶里扔什么"消风散"，把茶弄得像止咳药水一样，但即使是政敌，亦承认他道德高尚。可见，茶无关乎品德，亦没必要为它涂抹圣光。

《赵州语录》中记有赵州从谂禅师与他的老师南泉之间的一段对话：

> 师问南泉："如何是道？"
> 泉云："平常心是道。"

后面这句话，许多人都耳熟能详。但实践起来特别是在发表议论时，却又往往"失常"：有时失之浅薄，有时又故作艰深。吃茶就是吃茶。吃茶过程中是包含着一些形而上的包括正面与负面的成分，对此同样要以平常心相待，若着意褒贬，便失本真。

饮工夫茶当然要费点工夫，但其他的饮茶法像喝开水难道就不费工夫？推而广之，上舞厅、咖啡馆，下棋、钓鱼、听歌、散步、逛公园、看电视……哪一样不费工夫？它们为什么都能长盛不衰？原因其实并不复杂：机器尚且要保养，何况人不是机器。"不会休息就不会工作。"在社会生活中，"休闲"自有其应有的地位，它们不该也绝不会因为是"闲工夫"而被淘汰。相反地，在现代社会中人们对衣食住行、游艺交际等已不再满足于简单的生活需求。丰富生活，美化生活，是社会各界的普遍愿望。因此，"休闲"的地位还将随着科技的进步、工作效率的提高而越来越突出。而选择何种休闲方式，则是个人的自由。

在工夫茶上费点工夫，是否就会形成这样或那样的"心态"？"民族的脊梁"鲁迅先生喝工夫茶的事例，就是最好的说明：先生连三伏天都要在房子里设茶炉，茶瘾不可谓不大，而先生何尝有过什么"闲适、懒散"的心态？英国有80%的人每天要饮"下午茶"，茶叶进口量长期居世界第一位，而且原先的饮茶法还与乌龙茶饮法很相近；日本茶道比工夫茶更费工夫（每次三至四个钟头），但英、日两国的工作质量与效率又有哪一点比不上咱们？

何况，饮工夫茶还绝对不像《厦门志》所判定的是"以有用工夫而弃之无益之茶"。其对个人之益，这里姑且不论。即以总效应而言，在"和平、发展"的世界大格局中，在我国"改革开放，以经济建设为中心"的形势下，工夫茶起码还有几个方面的功能：

第一，沟通功能。潮人足迹遍及海内外，对于游子来说，饮工夫茶是眷恋乡土的象征。"亲不亲，故乡人；美不美，家乡水。"小小的工夫茶杯，确能起着沟通情谊的纽带作用。

第二，旅游功能。民俗风情是重要的旅游资源之一。工夫茶与潮州菜是地方饮食文化中最具特色的两个门类，近年来日趋兴旺的茶馆业，正是旅游与茶文化互为动因、相辅相成的产物。这一成果，今后还将会不断地充实、扩大。

第三，经济功能。随着工夫茶的传播，潮产乌龙茶将逐渐为世人所了解、接受，从而发挥其巨大的经济效能。1996年，笔者曾到无锡旅游，下榻太湖宾馆。刚尝了一口慕名已久的无锡毫茶，却满口怪味，迎宾小姐解释说，是因为太湖水污染的缘故。她还交代，房间里备有矿泉水，水瓶里的水最好不要喝。但一天不喝茶，总有点难受，于是用自带的电热壶烧太湖水试冲凤凰单丛茶，没想到，色香味依旧，同尝的人无不赞誉有加。原来，我们的单丛茶叶还有很强的抗污染能力！遗憾的是，地产乌龙茶虽然常在茶叶评比中获得殊荣，但其优良品质至今鲜为人知。因此，如何发挥其潜能，进一步开发海内外市场，将

是一项长期、艰巨的任务。

此外，在礼俗、文化交流、科研等方面，工夫茶都有其特殊的功能，因篇幅所限，恕不一一胪列。

工夫茶是我国饮茶艺术中的佼佼者，又是具有广泛、深厚的群众基础的一项民俗活动。它有丰姿多彩的历史，更有辉煌的未来。它与现代社会并无抵牾之处，相反，它必将随着时代前进的步伐而有所改进、有所发明且日臻完善。

五、茶叶篇

（一）凤凰单丛茶概说

凤凰单丛茶是在凤凰山得天独厚的自然条件下，从凤凰水仙品种中选育出来的优质单株及其培育出来的品种、品系和株系，采用单株采制的方式和独特的加工工艺制作而成的，具有类似多种天然花香和特殊韵味品质的乌龙茶。

凤凰山属莲花山系，1 000 米以上山峰有 50 多座，距离北回归线仅数十公里，是热带北端和南亚热带的交汇地带。植物资源丰富，也是广东山茶植物自然分布区之一。

凤凰天池

从凤凰山的先民发现和利用红茵茶树开始，直至明代，从野生型到栽培型，从挖掘移植现成的实生苗至选用种子进行人工培植种苗的过程中，经精心的培育、筛选，不断地总结经验，使茶树品种不断地优化和改良。发源于凤凰山的茶树群体，在 1956 年全国茶树品种普查登记时，被正式定名为"凤凰水仙·华茶 17 号"。

我国西南茶区，特别是滇西南山区或南岭一带，不乏"大茶树"的存在，但那些地区有大茶树而无"单株采制"；福建武夷灌木型茶树有"单株采制"而不成大茶树，唯独凤凰单丛两者兼具。

宋种古茶树

　　单株采制的生产方式无疑成为鉴别品质的有效方法，因为每个单株代表各自的品质特征，为凤凰水仙的"遗传"多样性提供了选择的机会。凤凰水仙是个有性体，群体中蕴藏多种变异类型，被历代茶农起名的不下数十种，有些古树高达5～8米，株产单丛茶高的近20米。据《潮州凤凰茶树资源志》记录的材料，凤凰乌岽山树龄200年以上的老茶树，还保存3 700多株。这些单丛茶树，都是200多年前当地茶农从千万株茶树中精心挑选，经过历史长期考验而保存下来的植株高大、性状奇特、品质优异的株系。

凤凰乌岽山树龄在200年以上的老茶树有3 700多株

单株采制的历史，在单丛茶出现之前就已经存在。究其原因，是凤凰水仙具有发育成大茶树的种质特点，历代茶农在培育利用过程中，用当时各地通行的采茶方法，造就一批大茶树，在家庭式采制条件下，形成"单株采制"的生产方式。

单丛茶品种演化的主要特点是"群选、群育、群繁"，直接在生产中获得经验，从古至今延续不断。当然，单丛品种可能有个适地栽培的问题，产品的品质水平和管理形式也可能随之发生改变。现代潮州单丛茶的品种结构是"品种"、"品系"、"株系"、"老丛"、"新丛"的组合体。现代的单丛茶如芝兰、蜜兰、黄枝香、姜花香等各种品系或品种，它们的母树都是在百多年前至数百年前被发现利用的古茶树。

大约在清末、民初，虽有"插枝"或"接枝"的个别事例，但真正产生无性"株系"，是在1950年代推广段穗扦插技术以后。70年代，岭头单丛"品系"开始在饶平出现；在凤凰茶区，单丛株系从起步到80年代已有较大发展，如黄枝香、八仙等。90年代以后，得助于无性繁殖和嫁接换种技术的应用，成为单丛品种形成的关键时期。"岭头单丛"通过省、国家审定，省内栽培面积近8 000公顷；"黄枝香"在90年代经广东省审定，栽培面积近200公顷，还有八仙、玉兰香单丛等一批品系，在凤凰单丛产量中占有很大比重。

历史上，单丛茶是单株采制的特定名称，而单丛茶的正式得名，距今有170多年。现代概念的单丛茶，是原有单株采制的延伸，有单株采制的，也有单丛品系、单丛品种采制的，古今概念有所区别。现代单丛茶产品，分"凤凰单丛"和"岭头单丛"两个品名。

凤凰单丛茶，是介于全发酵的红茶与不发酵的绿茶之间的半发酵茶，体现了乌龙茶制作过程最精细的制茶工艺。凤凰单丛茶成品茶既有绿茶的清香，又有红茶的浓厚滋味，是集花香、蜜香、果香、茶香于一体的浓香型的茶叶。由于它独特的制作工艺，形成了它特殊的品质——条索紧结，呈乌褐色或灰黄褐色，油润，具有自然的花香、山韵蜜味；汤色橙黄（初制茶）或金黄（精制茶）透彻明亮；滋味醇爽、持久、回甘力强；极耐泡等特点。传统的有性繁殖，使茶树种质资源极其丰富，品种（株系）多，而无性栽培繁殖产生的高香品系，若按香型划分就有十几种之多，诸如蜜兰香、黄枝香、芝兰香、玉兰香、桂花香、杏仁香等。

（二）单丛茶的起源与栽培史

单丛茶的起源

在黄茶之前应有早期单株采制的茶叶，在黄茶之后，才有乌龙茶意义的单丛茶和传统制法。潮州产乌龙茶历史可以追溯到明末清初，虽然相对较晚，但潮州乌龙茶的发源与其他乌龙茶区基本同步。如果说凤山黄茶是潮州乌龙茶的起点，则单丛茶的雏形期也可能随之出现。明末清初，潮州出现了用做青法炒制的黄茶，称为"凤山茶"，这是潮州乌龙茶的创始，距今已有300多年。

关于黄茶，早期记述见于郭子章《潮中杂记》（约公元1582年）：

> 潮俗不甚贵茶，今凤山茶佳，亦云待诏山茶，可以清肺消暑，亦名黄茶。

怎么证明黄茶是潮州乌龙茶的源头？从黄茶运用"做青"的技法，可以判断这是从流传至近代的"黄细茶"制法得出的。1943年《广东通志稿》〈物产〉记载：

> 茶有黄细茶、凤凰茶、山茶之别。黄细茶，树高二三尺……凤凰茶……树高一二丈，大者盈尺，其叶大黄茶一二倍。

追溯1690年《清会典》有关潮州广济桥茶税分"细茶"、"粗茶"的记述，推断黄茶制法在当时已流传于饶平、丰顺等县区，并因地域、茶树品种不同而分为"凤山黄茶"、"黄细茶"两种。凤山黄茶的称谓，大致延续100多年，约在1777年以后，凤山黄茶用炒、焙法，发展为凤凰水仙茶。以凤凰水仙的茶树种性，可能是从传统的"炒茶"开始，向炒黄茶演化，即经过"做青"的炒茶，再演化为炒焙的黄茶，最后演化为传统的单丛茶。

古文献对产茶史的记载固然重要，但凤凰乌岽山现存几百年活着的高大茶树更具说服力。当代学者已将潮州的产茶史追溯至唐代。据中国农业科学院茶叶研究所所长程启坤、研究室主任姚国坤在《论唐代茶区与名茶》中记述：

据中国农业科学院茶叶研究所主编的《中国茶树栽培学》论述：认为唐代茶区除《茶经》所载的 43 州外，实际上还有 33 州，共 76 州。

该文列表中，潮州属产茶州名和重点产茶地之一。

凤凰单丛茶作为一种产品和商品，已知的早期记录在鸦片战争之前。据陈椽《中国茶叶外销史》（台湾碧山岩出版社，1993）所述：

在 19 世纪中期，广州茶叶输出……运销欧洲、美洲、非洲及东南亚各地。如鹤山的"古劳银针"，饶平的"凤凰单丛"和"线乌龙"，河源的"烟熏河源"，都畅销国际市场。

按这段记载的年限推算，距今约 170 多年前单丛茶已畅销海外。事实上单丛茶和线乌龙，从创制到批量出口，其生产历史要长得多。

古代及近代方志均未见单丛茶的记载，估计与命名和数量少有关。据陈椽《中国茶叶外销史》引述 1836—1840 年"英国输入中国茶叶花色一览"中，有如下花色：广东武夷、福建武夷工夫、红梅、珠兰、安溪……可见当时的茶即使有命名，也是很笼统的。"广东武夷"应是外人对广东乌龙茶的代称，其中应包含水仙、单丛、色种、乌龙在内。

单丛茶的传统工艺的形成是一个渐进式的过程，其可能的演化途径是：早期炒茶——炒黄茶（早期凤山茶）——炒焙黄茶（后期凤山茶）——传统单丛茶——现代单丛茶。

单丛茶的栽培史

经过凤凰山人民长期的栽培、管理，不断筛选和总结经验，扩大生产，从野生型到栽培型，从挖掘现成的实生苗到选用种子进行人工培植种苗的过程中，使茶树种质不断地优化，逐渐地使红茵品种进化为鸟嘴（凤凰水仙）和鸟嘴优选品种（凤凰单丛），以及后来退化的黄茶；从原来种植在厝前屋后发展到开山成片种植，逐步发展起来。到明朝弘治年间，出产于待诏山的鸟嘴茶已成为朝廷的贡品，当时称为"待诏茶"。据明代《潮州府志》（郭春震本）载：明嘉靖年间，饶平须向朝廷进贡叶茶 150.3 斤，芽茶 108.3 斤。

清康熙元年（1662年），饶平总兵吴六奇派兵士和雇用民工在乌崃山腰开垦茶园，种植"十里香"单丛品种。后来，采制的茶叶不但供给太平寺和县衙的人饮用，而且在县城、新丰、内浮山市场销售。

凤凰山百年古茶园

清代康熙四十四年（1705年）春，饶平县令郭于蕃（四川富顺县人）在《游记手札》中叙述：

（凤凰茶树）干老枝繁而叶稀。询及土人（凤凰人），何以品种不一，又有龙团、蟹目、雀舌、丁香诸状……

这说明，当时品种复杂，茶农不重视选种。郭于蕃在县衙里召见凤凰乡绅父老时，曾多次询问茶叶生产的事，并敦促茶农要培育优良的茶树品种。

乌崃中坪村古茶园

清光绪年间，凤凰人民带着乌龙茶和鸟嘴茶渡洋过海，到中印半岛、南洋群岛开设茶店，进行销售茶叶活动。

民国四年，开设在柬埔寨的凤凰春茂茶行，选送的两市斤凤凰水仙茶在巴拿马万国商品博览会上荣获银奖，此举有力地促进了茶叶商业在中印半岛的发展。至 1930 年，金边城市就有凤凰人开设的茶铺 10 多间，在越南有 10 多间，在泰国也有 10 多间。

茶叶外销有力地促进了凤凰茶叶生产的发展。民国十二年（1923年），曾因 20 多家茶商大量收购、装运茶叶出洋，使茶价猛升。当时，一个光洋只能买到一斤水仙茶，而一斤单丛茶可值 5～6 个光洋。据记载，1930 年全凤凰茶叶产量达到 3 000 担，由茶商装运出口的就有 6 000 多件（即等于 2 400 担），其余的则由小商贩运销潮汕各地和兴梅地区。

凤凰茶人，在实践中不断地总结经验，逐步改进选种、育苗、种植、管理等方法和技术，从点穴直播到单粒条播，发展到苗床散播和苗床条播，以至营养钵育苗，一步地向前发展。尤其是从种子育苗的有性繁殖发展到长条茶枝扦插、短穗扦插，以至嫁接换种的无性繁殖，更是高出一筹。这个过程，贯穿着不断地选择、鉴定优良品种，提纯复壮的工作。1990 年秋，凤凰镇开展了挖掘、继承、发展"接种茶"技术的群众运动。茶农们根据无性繁殖的原理，借鉴黄芬的嫁接方法，研究新的技术，大胆地进行劈接法、单芽切接法和单芽皮下腹接法等一系列的试验，并成功地总结了一套做法和经验。

1994 年嫁接技术的推广应用，为去劣换优、改造老茶园、实现凤凰"单丛名优化"的目标提供了有力的支撑，因此，1998 年凤凰镇科普协会的《茶树嫁接技术》被中国科学技术协会作为向全国推广的十项农业实用技术成果之一，并广泛应用于全国茶区。

由于凤凰镇得天独厚的自然环境和地理条件，使茶叶形成了特殊的品质。1991 年，经有关部门审查、检验，凤凰镇茶叶符合绿色食品标准，国家特发给荣誉证书。1995 年 3 月，在农业部开展的首批百家中国特产之乡命名及宣传活动中，凤凰镇政府被授予"中国乌龙茶（名茶）之乡"的光荣称号。2002 年，凤凰镇被中国科学院农业高新技术产业化中心确定为潮州市无公害乌龙茶生产示范基地。全镇共有茶园面积达 5 万多亩，年产茶叶 2 500 吨，产值 2.5 亿元。数百年来，

凤凰茶虽然产量少，但质量高，不但遍销潮汕地区和国内一些地方，而且远销世界三十多个国家和地区。

白叶单丛的起源

古时候，凤凰茶农将各个品种的鲜叶分为两大类：叶色较深绿的（或墨绿的）称为乌叶，浅绿色（或黄绿）的称为白叶。而用乌叶制成的单丛茶叫乌叶单丛茶，用白叶制成的单丛茶叫白叶单丛茶。这个称谓一直沿用至今。

1956年8月，饶平县岭头村从凤凰乌岽山大坪村购买三四千株茶苗，种在捆龙仔山地，计有三十余亩。数年后，发现其中一株茶树新梢生长具有早、齐、匀的特点，且叶色黄白清秀。该村便于1961年至1963年每年春茶期对该树试行单株采制，见其内质花蜜香气清高，滋味醇爽，质量稳定，又经有关部门鉴定，认为属优质良种，于1963年秋开始扦插育苗。1965年春始种40株，此后逐年繁殖、种植、推广，至1981年已有七代，全饶平县种植面积达到135亩之多，其中仅岭头大队便种植95亩，而后不但岭头大队、坪溪公社、饶平县大力推广种植，而且周边茶区的茶农亦闻风而动，也大力种植。

岭头白叶单丛种苗于70年代末期已为潮安县铁铺公社引种，其品种和品质特性很快为茶农认可，广为繁育推广，自成一支，称为"铁铺白叶单丛"。进入80年代，陆续为原汕头地区各县引种，随后传入粤东北（兴宁、丰顺等）、

岭头白叶单丛茶园

粤北（英德、佛冈等）、粤中（从化、鹤山等）、粤西（罗定、化州等）茶区，以及闽南茶区、海南、广西部分地方。90年代以来，梅州市大规模、高标准地建设"岭头白叶单丛"生产基地。各地引种后，均冠以地方名号，如兴宁白叶单丛、大埔白叶单丛等。

潮州工夫茶话

《中国名茶志》记载："1964 年中国农业科学院茶叶研究所曾对凤凰水仙进行分类调查，分成 13 个类型，其中以乌叶、白叶类型为主。"后来，经茶农的精心培育，认真筛选出独特的优良株系，诸如坪坑头的乌叶单丛、岭头白叶单丛。

1981 年 10 月，广东省农业厅在乐昌召开的全省茶树品种会议上，审定同意将白叶单丛单独列为一个品种，定名为岭头单丛茶种，在全省推广。1988 年，经广东省农作物品种审定委员会认定为广东省茶树良种。

饶平坪溪山地生态茶园

（三）加工流程

鲜叶采摘

鲜叶质量是决定成品茶品质的基础，它与茶园管理、小气候、土壤、季节、树龄等因素密切相关。

一般来说，从清明前后至立夏采制的为春茶；立夏后至小暑间采制的为夏茶、暑茶；立秋至霜降间采制的为秋茶；立冬至小雪间采制的为雪片茶。

畲族姑娘采茶忙

采摘宋种茶

　　适时采摘：以驻芽一梢开面二三叶的鲜叶品质较好，因其内含物质较丰富。上午 10 时以前采摘的称"早青"；10 时至下午 1 时以前采摘的称"上午青"；午后 1～4 时采摘的称"下午青"；下午 4～5 时采摘的称"晚青"。其中，"下午青"新鲜清爽，具有诱人的清香，又有充分的晒青时间，制出的茶品质最优异。

鲜叶满筐

　　采摘茶叶，要求眼明手快，轻采轻放，茶堆要分类放开，以便及时晒青。

晒青与晾青

将采来的鲜叶利用日光萎凋的过程，称为"晒青"。它是形成茶叶香、味的基础。

低山茶晒青

晒青方法：将鲜叶薄摊于水筛（用竹篾编成的竹筛）中，置于室外晒青架上，让阳光照射，不宜翻动。晒青最好在下午 3∶30 ～ 5∶30 进行，气温以 22℃ ～ 28℃ 为宜，时间为 20 ～ 30 分钟，失水率控制在 7% ～ 10% 之间，其标准是叶片失去光泽，基本贴筛，拿起时芽枝直立，端叶下垂。

乌岽山茶农晒茶

将晒青后的茶青连同水筛搬进室内晾青架上，放在阴凉通风的地方，使叶片散发热气，降低叶温和平衡调节叶内水分，以恢复叶片的紧张状态，这一过程称为"晾青"。此为单丛茶初制阶段的必要环节。

晾青在温度较低的茶作坊内进行，叶片晾青适度后，可将2~3个筛并为一筛摊置，厚度不高于3厘米，四周高，中央低。

并筛晾青

晾青时，叶片水分蒸发速度减慢，叶片内细胞从叶脉、叶梗里吸收水分，使叶片恢复紧张状态（俗称"回青"），使萎凋叶内的水分以及原存于输导组织的可溶性物质分布重新平衡，为下一步的"做青"准备条件。优质单丛茶多采用两晒两晾方式。

做 青

做青是茶叶香气形成的关键工序，关系到成茶香气的鲜爽高低、滋味的浓郁淡薄。做青是由碰青、摇青和静置三个过程往返交替数次完成的。做青过程中，要密切关注青叶回青、发酵吐香、红边状况，结合当天温湿度气候情况，灵活掌握。这需要积聚相当丰富的经验才能综合判断，许多制茶能手以铁杵磨针的精神和长

国家一级评茶技师黄瑞光师傅示范
凤凰单丛茶做青技艺

岭南文化书系

潮州工夫茶话

年累月的实践才逐步掌握这项技能，实非一日之功。

做青间以室温20℃左右，相对湿度80%为宜。

碰青的原理：用双手从筛底抱叶子上下抖动，使茶青相互碰击，使边缘叶细胞在酶的催化下，产生发酵作用。在多次碰青过程中，青叶的气味从青草气味→青香气味→青花香味→逐渐转为单丛茶各品种特有的自然花香轻微香气。

碰青的原则：视品种、时间、晒青程度和天气情况灵活掌握。碰青次数一般是五次，每次碰青后，通过静置，会出现回青状态。整个工序中，以感官判断，即"看青碰青"。手的力度要先轻后重，次数由少到多，叶片摊放先薄后厚。

操作时要均匀、松放、薄摊

闻香识茶性

碰青可分两个阶段：

回青阶段：第一、二次碰青之间，每次间隔时间掌握在 1.5～2 小时，操作时要均匀、轻碰、松放、薄摊。如果用力过重，会使叶脉断折破损，影响水分循环补充，不利于回青。

发酵阶段：第三次碰青到杀青，每次间隔时间掌握在 2～2.5 小时，这一过程要注意发酵、吐香、红边现象。第四、五次碰青后，两手紧握筛沿，用力做回旋转动，使叶梢在筛面作圆周旋转与上下跳动，使叶与叶之间相互碰撞，叶片与筛篾相互摩擦，这一过程称为"摇青"。

摇　青

经五次碰青后，茶青叶形呈汤匙状，叶边出现红色（叶缘受摩擦而损伤，茶多酚接触空气后氧化成红色），细闻之有清爽花香味，即为碰青、摇青适度，这时就可"杀青"。

第五次碰青（摇青）后的叶态

炒青（杀青）

炒青（俗称"杀青"）一般用铁锅，为一次性工序，有时亦可与揉捻工艺结合，相间二次进行。

炒青多用 72 ~ 76 厘米口径的平锅或斜锅，锅温控制在 200℃ 左右。当茶青叶温接近或达到 100℃ 时，叶内的酶蛋白才会被彻底破坏，

终止发酵。每锅投叶量 1.5 ~ 2 公斤，青叶投入锅时，会发出均匀的
"哔卜"声，通过均匀翻动，开始扬炒，让青草味挥发，然后转入闷炒，以防水分蒸发过多。炒至叶色渐变浅绿，略呈黄色，叶面完全失去光泽，气味变成微花香（品种香），茶青有粘手感，枝条不折断，一握成团，即为炒青适度，

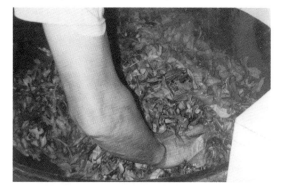

手工杀青（炒茶）

这时叶质柔软，便于揉捻成条做形。

揉 捻

揉捻有温热揉和热揉两种方法，一般以温热揉为优，即在炒青后叶温降至30℃左右时揉捻较好。揉捻又可分为足揉与机揉，不论用什么方式，都应遵循先轻揉后重揉的原则，使茶条逐步紧结，叶汁挤出均匀，充分黏附于茶叶表面。揉捻的时间，应视炒青叶的投放量，制茶季节及茶的老嫩程度等因素而定。揉捻后茶叶应尽快上烘，若摊置太久，多酚类会继续快速氧化，使茶汤红混，汤味变淡，还会使茶叶退香，甚至因微生物的作用而产生酸馊味。

机械揉捻

揉捻后成茶

烘 焙

烘焙是决定茶叶品质优劣的关键环节之一，通常分三次进行：

第一次初焙：将揉捻叶置于烘笼内，火温掌握在130℃～140℃，时间5～10分钟，中间翻拌两次，翻拌要及时、均匀，烘至六成干即可起焙摊凉，摊放厚度不高于1厘米，时间为1～2小时。

烘　焙

第二次复焙：烘笼温度控制在100℃左右，每笼摊叶1.5公斤左右，摊放厚度应低于6厘米，翻烘时要除去干燥碎末片，以免烘焦产生异味，烘到八成干再起焙摊凉，摊放6～12小时。

退焙摊凉茶叶状态

第三次烘干：火温掌握在70℃～80℃，烘至足干一般须2～6小时（俗称"炖火"）。烘焙完成后再摊凉，至此，独具一格的单丛茶制作便告完成。

（四）凤凰单丛的选购

凤凰单丛茶花香品种繁多，那么，如何较好地选购单丛茶？下面介绍一些单丛茶的选购方法，供茶客们参考。

（1）察形。包括成茶的条索、色泽、整碎、净度四个因素。

从外形紧结程度可判断高山、低山、嫩采、熟采、老采及四季茶叶。高山茶外形紧结匀整，低山茶外形松扁，叶大梗粗，中山茶介于两者之间。

从色泽的润枯、鲜暗、匀杂可判断茶叶的香气高低。油润、鲜明茶叶一般香气较纯正清高，而枯暗茶叶香气低沉、味杂。

一般呈黄褐色的多为花香较明显，而黑褐色的多为品种香和韵香较明显。

从整碎、净度可判断茶叶的滋味醇爽、浓杂。

（2）闻香。单丛茶香气因凤凰单丛茶与岭头单丛茶的品系不同，在嗅气时可从香气的高锐、持久判断单丛茶品种香型、地域特征、采制季节。

凤凰单丛茶是以花香型著称，是品种香和发酵香的综合表现。品种香（丛味）在嗅香气时一般都有明显表现，而发酵香是以花香表现。花香的高低、持久可判断茶叶制程是否完善。

品种香是不同品种成茶特有香气。例如，八仙品种香似兰花，白叶品种香似蜂蜜香，大乌叶似姜花香，陂头香似夜来香，锯剡仔香似杏仁。但还需从香气的高低、清浊、长短、粗细、浓飘等来综合判断。高档单丛茶要求花香浓郁清高。实际上，这些形容词尚难确切地反映出单丛茶真正的天然品种香型。

岭头单丛茶是独特蜜香型、品种香非常明显的茶叶，从花蜜香的高锐、馥郁、高低、持久，可判断茶叶制作过程是否到位。从花蜜香韵可直接判断产地的海拔高低。

单丛茶开汤审评香气，要泡2~4次。因为有的单丛茶到第三泡时香才显露，有的到了第三泡香就不明显了。香气要热闻，也要温闻、冷闻，反复比较。香气可短闻，也要长闻（长时间不断地一口气吸入，看其香气是否幽长）。

（3）辨味。如果条件允许，可当场试饮辨味，并观察汤色、叶底，以"验明正身"。

审评单丛茶滋味是判断高低山茶、古树茶、茶园茶最直接的方法。滋味的浓淡、醇爽、回甘与茶树产地、鲜叶采制、加工、气候等因素密切相关。单丛茶是乌龙茶类收敛性最强，口感醇厚，回甘力强的珍稀茶种。"山韵"、"蜜韵"是单丛茶特有的风格特征。

审评单丛茶滋味的方法是：将茶汤啜入口中，让口腔上部能接触到雾状茶汤，再以舌头不断振动，让茶汤与舌部位味蕾（舌尖辨甜味、舌两侧辨咸酸、舌背辨酸味、舌根舌心辨苦味）连续接触以鉴定其滋味。

单丛茶高山老树茶的滋味特征是：醇厚鲜爽持久、回甘强、山韵味明显。高山壮龄茶是浓醇鲜爽、回甘强、花香味、山韵味明显；中山茶是醇爽、回甘、品种味明显、有山韵味；低山茶醇和爽口，收敛性强。单丛茶精制茶大部分有共同特征"兰香桂味"。

对单丛茶的"山韵"、"蜜韵"的解释。凤凰单丛茶的"山韵"是由高山环境所造成的。凤凰单丛茶生长在高山环境之中使得茶树鲜叶内含氨基酸积累比例较高，且具有跟多雾地域藓苔近似的苔味，其滋味特征有隽永幽远之感。岭头单丛茶的"蜜韵"是指白叶品种独有的蜜甜味滋润之感。岭头单丛茶以"花蜜香韵"著称，喉韵甘爽，余韵悠长，齿颊留芳，且久泡余韵犹存，有浓醇甘爽之感。

单丛茶春茶滋味醇厚、细嫩、鲜醇、回甘力强。秋冬茶滋味浓醇、鲜爽、回甘较短。

（4）汤色。汤色要求金黄明亮，火候轻的汤色浅黄，足火的转橙黄。做青过度或杀青不足的汤色也会偏暗、混浊。杯底焦末是杀青锅温太高或杀青过度所致。

（5）叶底。将叶底倒入盛清水的白瓷盘中，可看清原料的老嫩、做青程度以及杀青、干燥等过程是否适当。理想的叶底是软、亮、匀。"绿叶红镶边"，实际上是指叶脉浅黄、叶的中央浅黄绿、叶缘红边现。红点也不都在边缘，也有在叶面上，关键在于是否分布均匀，红的程度恰到好处。从叶底也可识别出品种特征。

从叶底的柔软度可判断鲜叶采摘嫩老、高低山茶园。叶底的油亮度可判断鲜叶晒青程度、鲜叶品种的品质。叶底红度的颜色、匀整度可判断做青是否完善、杀青是否恰当，从而综合判断整个制作工艺存

在的缺失，也可从叶底形态补充判断整体质量。

（五）安溪铁观音茶

20世纪70年代前，"溪茶"是潮州工夫茶客的首选，即使是凤凰单丛盛行的今天，在粤东地区仍有不少拥趸。

福建安溪是我国古老的茶区，在宋元时期，铁观音产地安溪不论是寺观或农家均已产茶。据《清水岩志》载：

> 清水高峰，出云吐雾，寺僧植茶，饱山岚之气，沐日月之精，得烟霞之霭，食之能疗百病。老寮等属人家，清香之味不及也。鬼空口有宋植二三株，其味尤香，其功益大，饮之不觉两腋风生，倘遇陆羽，将以补茶话焉。

安溪茶叶通过"海上丝绸之路"走向世界，畅销海外。

清初，安溪茶业迅速发展，相继发现了黄金桂、本山、佛手、毛蟹、梅占、大叶乌龙等一大批优良茶树的品种。这些品种的发现，使得安溪茶业步入了鼎盛发展阶段。清代名僧释超全有"溪茶遂仿岩茶制，先炒后焙不争差"的诗句，这说明清初安溪乌龙茶已以其独特的韵味和超群的品质备受青睐。

采用铁观音良种芽叶制成的乌龙茶也称铁观音，因此，铁观音既是茶树品种名，也是茶名。安溪茶最为著名的"四大名旦"是铁观音、黄金桂、本山和毛蟹。尤其是铁观音，被视为乌龙茶中的极品，且跻身于中国十大名茶和世界十大名茶之列。

铁观音品质特征

铁观音的品质特征是：茶条卷曲，肥壮圆结，沉重匀整，色呈深绿，整体形状似蜻蜓头、螺旋体、青蛙腿。冲泡后汤色金黄浓艳似琥珀，有天然馥郁的兰花香，滋味醇厚甘鲜，回甘悠久，俗称有"音韵"。铁观音茶香高而持久，可谓"七泡有余香"。

最核心特征：干茶沉重，色墨绿；茶汤香韵明显，极有层次和厚度。选购铁观音可从"观形、听声、察色、闻香、品韵"入手，以辨别茶叶优劣。

观形。优质铁观音茶条卷曲、壮结、沉重，呈青蒂绿腹蜻蜓头状，色泽鲜润，砂绿显，红点明，叶表带白霜。

听声。精品茶叶较一般茶叶紧结，叶身沉重，取少量茶叶放入茶壶，可闻"当当"之声，声清脆者为上，声哑者为次。

察色。汤色金黄，浓艳清澈，茶叶冲泡展开后叶底肥厚明亮（铁观音茶叶特征之一为叶背外曲），具绸面光泽者为上，汤色暗红者次之。

闻香。精品铁观音茶汤香味鲜溢，启盖端杯轻闻，其独特香气即芬芳扑鼻，且馥郁持久，令人心醉神怡。

品韵。古人有"未尝甘露味，先闻圣妙香"之说。细啜一口，舌根轻转，可感茶汤醇厚甘鲜；缓慢下咽，回甘带蜜，韵味无穷。

安溪铁观音的传说

一是"魏说"——观音托梦。相传，安溪尧阳松岩村（又名松林头村）有个老茶农魏荫（1703—1775 年），勤于种茶，又笃信佛教，敬奉观音。每天早晚一定在观音佛前敬奉一杯清茶，几十年如一日，从未间断。有一天晚上，他睡熟了，朦胧中梦见自己扛着锄头走出家门，来到一条溪涧旁边，在石缝中忽然发现一株茶树，枝壮叶茂，芳香诱人，跟自己所见过的茶树不同……第二天早晨，他顺着昨夜梦中的道路寻找，果然在观音仑打石坑的石隙间，找到梦中的茶树。仔细观看，只见茶叶椭圆，叶肉肥厚，嫩芽紫红，青翠欲滴。魏荫十分高兴，将这株茶树挖回种在家中一口铁鼎里，悉心培育。因这茶是观音托梦得到的，取名"铁观音"。

铁观音母树

二是"王说"——乾隆赐名。相传安溪西坪南岩士人王士让（清朝雍正十年副贡、乾隆六年曾出任湖广黄州府蕲州通判，曾在南山之麓修筑书房，取名"南轩"）于清朝乾隆元年（1736年）的春天，与诸友会文于"南轩"。每当夕阳西坠时，就徘徊在南轩之旁。有一天，他偶然发现层石荒园间有株茶树与众不同，就移植在南轩的茶圃，朝夕管理，悉心培育，年年繁殖，茶树枝叶茂盛，圆叶红心，采制成品，乌润肥壮，泡饮之后，香馥味醇，沁人肺腑。乾隆六年，王士让奉召入京，谒见礼部侍郎方苞，并把这种茶叶送给方苞，方侍郎闻其味非凡，便转送内廷，皇上饮后大加赞誉，垂问尧阳茶史，因此茶乌润结实，沉重似铁，味香形美，犹如"观音"，赐名"铁观音"。

安溪铁观音亭

安溪铁观音香型分类

安溪铁观音类型可分为：清香型、浓香型、鲜香型、韵香型、炭焙型。

清香型。属于流行性的轻发酵茶叶，"清汤绿水"是其特征，强调的是清汤、鲜度。叶子的成色好，色翠绿，极具欣赏性，一拿就可以闻到一股清香的味道，看上去跟刚采摘下来时一样，冲泡出来清汤绿水，无枝无沫，香高味纯。茶叶一般可冲泡5～12次左右，主要是由茶叶的质量来决定。保存时需要冷藏，以保持茶叶的鲜度。

鲜香型。属于流行性的轻发酵茶叶，强调茶叶的鲜味、鲜度。叶子翠绿，极具欣赏性，茶叶一拿就可以闻到一股鲜香的味道，看上去颜色比其他的茶叶鲜艳，冲泡出来清汤绿水，无枝无沫，味纯香高，适合刚接触茶叶的朋友饮用。

浓香型。属传统半发酵的安溪铁观音茶，适合资深茶友饮用，因为口感较重。传统制法的铁观音茶要求的半发酵时间较长，冲泡之后的茶汤颜色也比较浓，喝起来的感觉是醇厚甘爽，有暖胃、降血压血脂、减肥的功效，很适合现在应酬多、饮食结构不合理、肠胃有小毛病、血脂血压高、感觉自己身体发胖的朋友饮用。传统铁观音放置时间长了成为老茶后，经过再烘烤、炭焙等深加工程序，口感、保健功效等更显著。

炭焙型。在传统半发酵基础上再用炭火进行约5～12小时烘焙的铁观音，是具有传统正味的好茶。其口感顺滑，回甘特别，品尝之后喉咙特别舒爽；带有强烈的火香味；冲泡之后茶色汤水深黄，跟平常看到的清汤绿水的清香型铁观音完全不同。此香型向为资深茶友之至爱，在安溪也越来越受欢迎。

韵香型。是介于清香和浓香之间的新推茶叶，拥有更多的滋味享受，既有清香型的香气，又有浓香型的纯正口感，不失为好茶。

（六）武夷岩茶

"武夷岩茶"是产于闽北武夷山岩上乌龙茶类的总称，历史悠久。据史料记载，宋、元时期已被列为"贡品"。元代还在武夷山设立了"焙局"、"御茶园"。清康熙年间，开始远销西欧、北美和南洋诸国。当时，欧洲人曾把它作为中国茶叶的代称。

武夷岩茶条形壮结、匀整，色泽绿褐、鲜润，冲泡后茶汤呈深橙黄色，清澈、艳丽；叶底软亮，叶缘朱红，叶心淡绿带黄；兼有红茶的甘醇、绿茶的清香；茶性和而不寒，久藏不坏，香久益清，味久益醇。泡饮时常用小壶小杯，因其香味浓郁，冲泡五六次后余韵犹存。其主要品种有武夷水仙、武夷奇种、大红袍等，多随茶树产地、生态、形状或色香味特征取名。以大红袍最为名贵。武夷岩茶可分为岩茶与洲茶：在山者为岩茶，是上品；在麓者为洲茶，次之。新茶不宜多喝。

武夷岩茶属半发酵的青茶类（俗称乌龙茶类）。

武夷岩茶的典型特征，可以用"岩韵"两个字来概括，"岩韵"

可意会而不可言传。喜欢岩茶，其实也就喜欢那股"岩韵"。相传，两百多年前的一天，乾隆皇帝处理完手边的奏章，喝到了刚刚进贡的大红袍，这种味道让他一见倾心，于是提笔写下"就中武夷品最佳，气味清和兼骨鲠"的诗句，精准地形容出大红袍的精妙所在。这里的"骨鲠"即是"岩韵"。

清代梁章钜与武夷山天游观道士静参品茶论道时，曾把这种"岩韵"特色，归结为四个字，即活、甘、清、香。他在《归田锁记》中说：

> 至茶品之四等，一曰香，茶香小种（指一般乌龙茶）之类皆有之，今之品茶者以此为无上妙谛矣，不知等而上之，则曰清，香而不清犹凡品也，再等而上之，则曰甘，香而不甘，则苦茗也，再等而上之，则曰活，甘而不活，亦不过好茶而已，活之一字，须从舌本辨之，微乎其微，也必深山中之水，方能悟此消息。

色，岩茶汤水一般呈金黄或橙黄，带些微红，清澈亮丽。这一点与其他种类茶相比，很容易辨识。茶青发酵与烘焙的程度不同，泡出来的汤色也不同。一般来说，重发酵、高火功的岩茶，颜色较深较红；轻发酵、低火功的岩茶，颜色较浅较黄。

香，指茶的香气。明代张源（公元 1595 年）在《茶录》中说：

> 香有真香、有兰花香、有清香、有纯香。表里如一，曰纯香，不生不熟，曰青香，火候相当，曰兰香，雨前神具，曰真香，更有含香、漏香、浮香、闷香，此皆不正之气。

这段话对世人很有启发。茶的香有好几种类型：有的是品种香；有的是制作香；有的是添加香（如茉莉花茶的香）；有的是综合香。而岩茶是品种和制作兼有的综合香。但不管哪类香，最基本的应是茶叶本身的香为主。其他香只是兼带的。岩茶的香透着骨鲠，也有人形容为"霸气"。这种香好像会渗透杯盖，有冲顶的感觉。且香气不散，它呈现为"一团"。其感觉最好的是杯底留香，称为"杯底香"或"冷香"。茶汤冷却后，再闻杯底，那种感觉实在是妙极了。

岩茶的茶汤，总的来说是甘、醇、鲜、滑。但细细品赏之下，则又有许多具体特点：

甘有两种，一是入口即甘，只要是好岩茶，入口就有一种甜滋滋、凉沁沁的味道。但是不像普洱的甘那样，有点腻感。岩茶的回甘是发散型的，直接扩充人的喉咙，清凉开阔，使人甚至觉得那不是回甘，但确实是喝了岩茶以后舌齿清甘，喉咙开阔，很舒服的一种感觉。

醇，是指茶味的浓淡和茶汤的厚薄。茶味是任何茶汤都有的，可以明显感觉到的类似中草药的特殊味道。岩茶的茶味，比绿茶淡，比红茶黑茶浓。茶汤则比绿茶厚稠，但又不如普洱类黑茶，显得更清薄。如与同为乌龙类的铁观音相比，茶汤更厚稠，茶味更浓郁。所以，福建茶界比较岩茶与铁观音特征，有"南香北水"的说法。

鲜，茶汤清新、鲜美，如同鸡汤一般。造成这种鲜感的原因是氨基酸含量是一般绿茶的一倍以上。

滑，滑是相对于涩而言的。茶汤入口后，舌尖有茶的感觉，再进入以后，舌头的后半部分好像已经失去了知觉，不用吞咽，茶汤已经"滑"进或者"化"进喉咙和肚子里。当然，好茶入口都很滑顺，但是因为岩茶茶汤较为浓稠，所以滑或化就显得特别难能可贵。

有人认为，岩韵中的"骨"，应是一种不以鲜香见长，而是以醇厚沉着稳重取胜的味道。茶汤里好像有"沙沙"的小颗粒，或者是好像有柔韧不绝的细丝，从而丰富了茶汤的质地。吞咽下去很久之后，茶的滋味还在口中齿间回荡。

大红袍的由来

一曰：大红袍茶树受过皇封，御赐其名，故当地县丞于每年春季须亲临九龙窠茶崖，将身披红袍脱下盖在茶树上，然后顶礼膜拜，众人高喊："茶发芽！"待红袍揭下后，茶树果然发芽，红艳如染。

二曰：相传清朝时候，有一文人赴京赶考，行到九龙窠天心永乐禅寺，突发腹胀，腹痛不已，后经天心寺僧赠送大红袍茶，饮后，顿觉病体痊愈，得以按时赶考，高中状元。为感念此茶治病救命之恩，新科状元亲临茶崖，焚香礼拜，并将身披红袍，脱下盖在茶树上，大红袍遂得此名。

三曰：大红袍因春芽萌发的嫩芽呈紫红色，远远望去，茶树红艳，因而得其名，故历史上亦有"奇丹"之称。

武夷正丛大红袍

武夷焙茶灶

（七）单丛红茶"醉佳人"

茶叶经过发酵过程，使多酚类化合物充分氧化，形成红叶红汤的品质特征，就称为红茶。它是我国生产和出口的大宗茶类，而工夫红茶又是我国特有的传统产品，素以条索紧秀匀齐，锋苗好，色泽乌润，香味浓醇，制作精细，花工夫多而在国际茶叶市场上独树一帜。

能否用凤凰单丛原料制红茶？滇红和英红都是红茶的名牌产品。滇红、英红原料生长在云南、广东。而单丛茶也生长在广东，从东西方向上看距离很远，但两者同在北回归线附近，所处的生态条件都属于高温强光多雨气候，这些生态条件包括充足的光照和水分较高的积温和湿度等，既是适宜两者作为大叶品种茶生长的有利气候条件，也是利于两者在生长过程合成更高茶多酚含量的生态条件。正因为这样，单丛茶的茶多酚含量特别高，与滇红、英红原料的茶多酚成分含量不相上下。

据中国农科院茶叶研究所分析，凤凰水仙群体品种春茶一芽二叶鲜叶含咖啡碱4.08%，氨基酸3.19%，茶多酚24.31%，儿茶素总量129.05mg/g，适制乌龙茶和红茶。制乌龙茶，香气特高，能呈现多种香型，滋味浓郁甘醇，汤色金黄，耐泡。制红茶，香气高，汤色红艳，冷后呈"冷后浑"。

因此，以新的理念利用单丛茶资源特点加工成红茶，或者能获得比滇红、英红茶口感与健康功效更出色的新产品。

2005年，潮州天羽茶斋的国家评茶师叶汉钟利用夏暑间采摘的凤凰单丛成功地创制出凤凰单丛红茶，新产品花蜜香清醇持久，浓淳鲜爽，回味郁甘，且茶汤呈鲜红琥珀色，因特命名为"醉佳人"，试销后好评如潮，迅速成为凤凰单丛茶中之新贵。

经有关科研机构综合感官审评和理化分析结果认定，单丛红茶的茶黄素、茶红素、茶褐素的含量均比传统单丛要高，说明单丛红茶具有红茶特征，可作为高香型红茶原料加以开发应用，这对于凤凰茶叶资源的进一步利用具有重要意义。

醉佳人茶汤

醉佳人叶底

（八）是单丛，不是"单枞"、"单枞"

凤凰单丛茶是潮州的一项名优产品，在国内外举行的名茶评比活动中屡获殊荣。但是，目前在对其作商品推介、包装和宣传报道的过程中，却有"单丛"、"单枞"、"单枞"等几种不同的冠名法。

有人认为，茶是木本植物，所以，"丛"字应加上"木"字旁，于是，单丛便变成"单枞"。其后"枞"字又讹为"枞"，从此，"单丛"、"单枞"、"单枞"就在商标、市场以及传媒中频频出现，令人无所适从。

准确、规范的冠名，是打造品牌的第一要义。特别是在我国"入世"以后，我们将与国际经济接轨，如果连商品名称都统一不了，我们又将如何去办理商标注册、专利登记、质量体系认证等获得国际市场"准入证"的必要手续？因此，为潮州的名优茶正名，兼有文化与经济的双重意义，而绝非无谓的文字纷争。

为此，我们无妨先检视一下"丛"、"枞"、"枞"三者的音义：

丛（cóng，潮语读"层"，繁体作"叢"），本义为聚集，如人丛、草丛等。亦作量词使用，如南朝梁代陶弘景《真诰·运象篇四》："桥之北，小道直入其间，有六丛杉树。"唐代白居易《买花》诗："一丛深色花，十户中人赋。"宋代周密《武林旧事·乾淳奉亲》："遂至锦壁赏大花，三面漫坡，牡丹约千馀丛。"在上述数例中，"丛"的意思相当于棵、束、株，且通用于花木，无所谓草本、木本之分。

枞（欉）一般字书均缺载，只有《康熙字典·木部》引《集韵》曰："粗送切（按，即读为còng），匆去声。江东谓草丛生曰枞。"可见，该字系方音字，其义与"丛"略同而读音有别。

枞（cōng，潮语读"宗"，繁体作"樅"），即常绿乔木冷杉（圣诞树），木材轻软，可制器具及造纸。"枞"又读zōng，地名，安徽有枞阳县。

单丛，是凤凰茶产区对成品茶进行等级分类的专称（其他的类别有水仙、浪菜等），命名的缘由是：其采摘及加工的全过程须逐棵（潮人称"丛"）单独进行。又因为成茶的香型不同，故有"群体单丛"、"黄枝香单丛"、"白叶单丛"等名目。

显而易见，只有"丛"字才符合单丛茶命名的本意。"枞"是方音字，又读仄声，不能与"丛"字等同。而"枞"字的音义则与"单丛茶"风马牛不相及。由于潮人大多习惯于把"枞"字读成"丛"，所以认为"单丛"亦好，"单枞"亦罢，都是那么回事儿，实则大谬不然！

前几年，中央电视台第七频道的《乡土》栏目中推出了一集介绍凤凰茶的专题片，大概是提供材料者已习惯用"枞"字，于是整部片的字幕都打成"凤凰单枞茶"。极为难得的是，敬业的主持人毕铭鑫没有被"枞"字难倒，自始至终地把"dān – còng – chá"读得字正腔圆。真不知道看过这个专集的潮籍人士会有什么感触？好不容易将家乡的名牌产品推上国家的权威媒体，却把好端端的"dān – cóng"变成莫名其妙的"dān – còng"，这遗憾该有多大！可这事儿，又该怪谁呢？

为此，笔者郑重提出：莫再把"单枞"、"单枞"当"单丛"！

六、茶俗篇

茶与中国人的日常生活，关系非常密切。正如林语堂先生在《吾土与吾民》中所说：

中国人最爱品茶，在家中喝茶，上茶馆亦是喝茶；开会时喝茶，打架讲理亦要喝茶；早饭前喝茶，午饭后亦要喝茶。有清茶一杯，便可随遇而安。

正因为茶与人生的联系极其密切，所以在各种礼仪风俗中，经常可看到茶的身影。

（一）茶与婚俗

婚姻是人生之大事，婚娶过程十分繁复。结婚前，须由男方家庭下定亲聘礼，其礼品中便有茶。清人阮葵生《茶余客话》卷十九引宋人《品茶录》云：

种茶树必下子，若移植则不复生子，故俗聘妇，必以茶为礼，义固有取。

可见，至迟从宋代开始，这一风俗便已形成。由陈天资于万历二年（1574年）修成之《东里志·婚礼》引陈白沙语云：

婚礼一十有五……十四日：三等之下，聘酒一坛，鹅一只、布二匹、茶一盍（按，"盍"当为方言字，意为罐）。

119

乃知明代之潮州，亦有婚聘用茶之礼俗，而且这一习俗，延续至今。民间婚聘时，男方定亲礼品除糕点、莲子、百合（意为"百年和合"，莲即荷，谐音"和"）外，必备茶叶一包，称为"下茶"。女方受茶礼，称"食茶"，其义正如近人朱琛《洞庭东山物产考》中所说的：茶树不能移植，"故人家婚礼用茶，取'从一不二'之义"。其后女子如再受聘他人，称"食两家茶"，会为世人所诟病。

由此风俗再延伸，男女双方经人介绍，或经自由恋爱而准备确定关系之前，男方须上女方之门，接受女方父母的考察（类似从前之"相亲"），入门坐定后，女方可待以不同的饮科，唯独不能泡茶，其含义为：女方家长尚未确认男方为未来的女婿，女方仍保留着自由选婿的权利。而当今有很多不了解这一"潜规则"的小青年，往往对此举大惑不解：我未来的老丈人咋连"客来待茶"的规矩都不懂，连茶都舍不得泡？

新娘过门之日，许多礼俗亦与茶有关。清人记载说：

> 新妇见舅姑（即公婆）时，必膝行。庭置方桌，膝行于桌之前方，必叩首数次；膝行至桌之后方，亦叩首数次。如是周而复始者约数时，日"跪茶"、"跪酒"。

这种折磨新娘的方式使"新妇多有不胜其苦而当堂痛哭者"。相对而言，潮汕地区"跪茶"的过程便简约、文明得多：新娘入门亦须对长辈跪献甜茶，但不必"膝行"且膝下有蒲团一类的软垫，这时，"青娘母"（专职伴娘）要做"四句"如"手捧甜茶跪厅中，敬奉爹娘上辈人。请饮甜茶添百福，四时如春永平安"之类，以增添吉祥气氛。被敬的长辈要扶起新娘，并把红包或首饰放到茶盘中，给新娘"赏面"。然后，新娘再给厅中的平辈们敬茶（可不下跪），最后，再斟满大盘中的各个茶杯，请晚辈们一起"食欢喜"。时至今日，一些开明点的人家则干脆取消新娘跪茶的环节，只要求立着奉茶，意思意思即可。不过"赏面钱"仍免不了，借此讨个好彩头，而其中所蕴涵的，其实正是深切的舐犊之情。

此外，自清代以来，凤凰茶区还流行"探房之礼"：女家嫁女前三日，须购置礼物赠男家，简称为"房礼"。送礼时遣家人与小舅同往，出发前须预写"女帖"（即礼单）。如至今尚存世的一张嘉庆年间的女帖就写着：

> 谨具书仪成对、糖糕百斛（斤），甜茶八包，家雁（鹅）四翼（二只），奉申敬意。
>
> 劣舅××顿首拜

礼物送到，男家将其陈列于厅中，设席款待小舅一行，宴毕，男家亦具帖回礼答谢，帖云：

> 谨具禄员（圆）全盒、团包全盒、茶饼满百、鲜花满盘，奉申虔敬。
>
> 姻小弟××顿首拜　　时飞龙　　嘉庆×年×月×日谷旦

婚庆翌晨，新娘在新郎的陪同下，手捧茶盘一一向亲人敬茶和请安问好。一月后，新娘要上庙烧香，须请女客陪伴，请帖云：

> 翌日儿妇谒庙拜茶，烦玉指教是幸。

从以上所引的珍贵柬帖中，我们可约略了解到清代潮州茶区的独特婚俗中，茶始终都是不可或缺的角色。

（二）客来敬茶

清代俞樾《茶香室丛钞》卷二十二中，摘录了一条宋代无名氏《南窗纪谈》的笔记说：

> 客至则设茶，欲去则设汤。不知起于何时？上自官府，下至闾里，莫之或废。

"客至则设茶"，至今仍是最普通的社交礼俗。在盛行工夫茶的地区，除非客人主动表示不宜用茶（如时间紧迫、身体不适等原因）外，客来不泡茶，则主人往往会给人留下简慢、不通情理的印象。

在潮汕地区，客来奉茶的过程中，其实亦有很多不成文的讲究。

有客来，不管他是远方的亲友还是近在咫尺的邻里，亦不管他是否习惯喝工夫茶还是刚在别处用过茶，主人都会赶紧泡茶。如果客人进门时主人正在品茶，细心者会郑重声明：这是第几冲的茶，因为潮

州的俗谚有"头过（即第一冲）脚泄（泄〈潮音"思腰8"〉，潮州方言词，意为"脚汗"。从前制茶揉青时，茶农为提高效率，往往手脚并用，故茶叶表面会留下些许脚汗气。现已改用揉茶机，无此弊病），二过茶叶，三过孬人食唔着（意为身份、地位不高的人没得资格喝）"或"头冲是皮，二三冲是肉，四五冲已极"的说法。主人声明这是第二、三冲茶，意在表示对客人的尊重又赞赏他来得及时，正赶上品"茶肉"的好时刻。当泡过四遍以后，主人会重新换茶。更有甚者，客进门后主人会把刚泡的茶倾掉，换上新茶，重新泡上。以免被人嫌弃"食茶尾"、"无茶色"（意为窝囊、小气，不热情大方）。

清代潮州木雕，上刻品茶场面

头冲茶冲好后，主人一般都会让客人先品尝，以示尊重。轮到主人喝的那一轮，他亦会先让客人端起杯后，自己才端末尾的那一杯。更讲究的主人，往往会端茶送到客人面前，客人则拱手表示谢意，或屈指在桌面上轻敲几下致谢，这是从香港、广州一带传来的谢茶礼式，现在亦逐渐普及成俗。

"浅茶满酒"，是流行于全国各地的茶酒谚。刚冲出来的茶汤易烫手，故斟茶时不能满杯，所谓"八茶九酒"，即茶只能斟八分杯，不无道理。偶然斟得满了点，客人应将杯朝自己的方向略为倾斜，使茶汤溢出一点后再端杯。切莫将茶杯向着主人一方倾茶，那样会有讥笑主人的嫌疑，产生不必要的误会。

翁辉东先生《潮州茶经·烹法》云：

洒茶既毕，乘热人各一杯饮之。杯缘接唇，杯面迎鼻，香味齐到，一啜而尽，三嗅杯底。

这里所说的，其实亦是作客品茶时所要注意的事项。

潮谚曰："茶无三推（潮音读"胎"，意为推让）。"其意思是：茶泡好后，主请客尝，客人间会互相推让一番，主人接着说："请，请，趁热喝！"这时，客人便不宜再谦让，因为第三次催请时，茶汤已变凉了，而凉了的乌龙茶汤的色、香、味便大打折扣，所以"三推"不喝，既怠慢了主人，亦会招来不懂喝茶的非议。

乌龙茶有独特的高香与底蕴，所以客人赏饮时能做到"一闻香、二品味、三嗅杯底，"对己来说，是一种美妙的感受，对主人来说，则又隐含着"这茶真好"、"谢谢你的好茶"的潜台词。口虽不言而礼已至矣。

不过，"一啜而尽"是否合宜，却有可商榷之处。潮州人形容识饮的老茶客的饮茶姿态时，常用一句"小生擎，儌臣噱"的谚语，意为：端茶时和舞台上的小生一样，显得很斯文，喝茶（噱〈hù〉潮音〈罗污4〉，大口喝）时却和"儌臣"（潮语指奸恶的大官，他们在舞台上的扮相大多相貌凶恶，且动作粗野。〈儌 chán〉潮音〈徐庵5〉，指相貌丑恶）一样粗野。实际上，这种品相不甚佳的"一啜而尽"法，确是试茶的最佳方法，乌龙茶产区的茶叶专家、茶商、茶农在试茶、评茶时就是这样：先闻盖瓯盖内壁的香气，再尖着嘴深深一口吸入茶汤然后用舌头使茶汤在口腔内来回转动，这样才能全方位感受茶的香与味，但其结果常会发出不悦耳的咕噜声。上门做客饮茶，有别于试茶、评茶，所以当主人敬茶后，客人们最好还是学习大名士袁枚在武夷山和僧道一起品茶那样："上口不忍遽咽，先嗅其香，再试其味，徐徐咀嚼而体贴之。"从而进入"清香扑鼻，舌有余甘，释躁平矜，怡情悦性"的境界，营造出平和、融洽的氛围。

总之，做客品茶有五忌：一忌妄自尊大，主人未请时先动手端杯；二忌"儌臣噱"，啜茶时口中出声；三忌杯留残汤，妨碍主人下一轮操作；四忌回杯无序，不按原位放回；五忌口无遮拦，说苦嫌淡。如果觉得茶泡得太久，茶味带苦，要委婉地说"太酽"；茶味太淡，则

说"清口"等。

传统的工夫茶烹法，不管茶座人数多寡，茶杯数量都是 2～4 个，固定不变。因而一轮茶喝罢，一定要淋杯、滚杯以求洁净并保温。但近年来有不少茶人针对这一"共杯现象"大加贬斥，说洗杯只有热杯之功，全无卫生之效，一群人轮番推让，唾液均沾，即使彼此熟悉且身体健康，总不合卫生要求……在环保、卫生意识日益强烈的现代社会，对工夫茶操作规程提出改革的诉求，无可非议。但淋杯时升腾的雾烟水气，滚杯时在灵心巧手下，白玉令轻微撞击发出的宛如玉磬的美妙乐音，原本就是工夫茶艺中一个精彩的环节，贸然舍弃，难免留下不小的遗憾。笔者以为，要解决这一矛盾，原亦不难：

如今市面上的烹水用具形式繁多，阁下无妨选购一种电热壶座旁边带有茶杯柜（即小型的消毒碗柜）的款式，柜里放上几十个白玉令，这样，每一轮冲罢，将空杯收入贮杯盆（或大茶洗）中（整个茶事结束后再清洗并纳入茶柜消毒），再从杯柜中取出新茶杯进行下一轮操作。如此周而复始，既能欣赏到滚杯的精妙情景，又可杜绝"唾液共沾"的现象，问题岂不是迎刃而解？

当然，家家都置办这样的烹水配套用具，一时可能难以办到。因此，当客人进门入茶座后，主人要善于察言观色，平时亦要多备几个茶杯，当发现客人对滚杯隐约表露出为难脸色时，便多摆出几个茶杯，每位客人面前一杯，实行彻底的"分杯制"，斟茶前省去滚杯程序，切勿强人所难，导致主客不欢。

（三）具帖请茶

潮人在路上相晤，匆匆几句寒暄以后，临别时常会叮咛一声："有闲请来家中食茶。"但以请帖的形式郑重其事地邀请亲友于某日某时来做茶会者，今已少见。

凤凰茶区中，至今仍保存了自嘉庆二年（1797 年）以来不少请赴茶会的拜帖，略举数例如下：

×月×日，××××事，敬具杯茗奉迎文驾，谛聆德诲，伏冀贲临，曷胜欣跃。

×× 顿首拜

岭南文化书系

潮州工夫茶话

×月×日，为××事治茗，敢屈玉趾，共叙清谈，希冀早临勿却为爱。

×× 启

这说明在二百多年前，茶区人发请帖以茶会友、以茶议事，已蔚为风气。

当代具帖请茶之风，依然不绝如缕。每逢节假日或重大纪念活动，机关、单位、团体等往往发出诸如"迎春茶话会"、"中秋茶话会"、"校友茶话会"之类的通知，虽然茶会的形式与往昔已有不同，但"以茶会友、议事"的性质依旧，这亦可以看成是对古风的一种传承。

（四）茶与祭俗

茶与祭俗相关联的最早记载，当推《仪礼·既夕》中的一句话："茵著，用茶实绥泽焉。"据唐代贾公彦注："茶，茅秀也；绥，廉姜也；泽，泽兰也，皆取其香且御湿。""茵"，是灵枢的垫褥，故当棺枢放上去之前，要铺些茶（茶）、绥、泽等以辟秽、御湿。这则记载表明，先秦时代已有茶叶生产，人们已了解到茶有较强的吸湿功能，故将其应用于丧事中。

以茶汤祭祀神祖的记载，见于《南齐书·武帝纪》所载的齐武帝遗诏："我灵上慎勿以牲为祭，惟设饼、茶饮、酒脯而已，天下贵贱，咸同此制。"由于皇帝带头提倡，灵前设茶饮的习俗便代代相传，潮汕亦不例外。

在潮汕地区，凡属祭拜活动都离不开茶：祭拜祖宗先人，不论是族祭还是家祭都得敬茶；清明扫墓，坟前石供桌上要摆茶；初一、十五各家铺户拜"地主爷"、逢年过节"拜祖公"，以至寺院庙堂的神座佛前都须献茶。

旧时潮汕城乡多有公用水井，除夕须封井，至正月初三举行开井仪式，在祭拜了"井公井妈"之后，要将三杯清茶倒入井中，以祈求康乐平安。

（五）食甜茶

用茶叶加糖泡出来的茶汤，称为"甜茶"。甜茶意味着甜甜蜜蜜，如意吉祥，所以在潮汕地区，每逢家中有"好歉事（即喜事、丧

事）",总可看到甜茶的身影。

如前所述,新婚之日,新娘须向婆家老少敬奉甜茶,以祈求婚后的日子甜蜜和美。新女婿亦有向岳家奉甜茶的规矩。例如,在揭阳一带,娘家在女儿出嫁以后,须择个吉日良辰,或趁乡里游神赛会的日子,备酒席邀请新女婿过府赴宴"坐大位"(坐首席),谓之"食红桌"。有的地方甚至有全乡、全族举行集体宴请新女婿的习俗。宴席一般设在祠堂内,各位当年成婚的女婿分坐各席的首位。宴毕离座待茶,第一轮茶上来时,新女婿们应群起向前辈鞠躬奉茶,以示敬老。茶毕,女婿们各自回到岳家,向岳父母和岳家长辈行跪奉甜茶的仪式,而长辈们受茶以后则给新女婿送"赏面钱"。

潮汕是全国著名侨乡,华侨众多。当离乡背井的"番客"从海外归来时,亲属会备好甜茶(有的还备有甜糯米圆、甜面条汤)捧至番客面前请"食甜",庆贺甜蜜团圆。家中的媳妇及下辈还要行跪奉甜茶之礼,番客则赠送封有钱币、首饰的红包答谢。

在潮汕,当亲人辞世,亲友前来吊唁时,丧家必以甜茶相待。出殡时,丧家女属按旧俗不能随灵柩上山,故在送死者至某一路口后便须折回,回家后则把院庭厅室打扫干净,备好甜茶,等候上山的人归来饮用。

(六)宴席行茶

在"茶史篇"《潮人的饮茶习尚》中,曾提到北宋张夔"燕阑欢伯呼酪奴"的诗句,已透露出其时潮人宴会中须行茶的信息。南宋大诗人,时任广东提举常平茶盐的杨万里于宋孝宗淳熙八年(1181年)腊月,曾率师平定海盗沈师之乱,在潮州居留二十多天,期间他写过一首诗《食车螯》,末两句是:

老子宿醒无解处,半杯羹后半杯茶。

可见,席间或席后行茶的习俗,在南宋潮州依旧流行。如今,宴席行茶已成为潮州菜的一个重要组成部分,它不但在潮汕本土蔚为风气,而且随着潮州菜的流布而遍及全国以至漂洋过海、走向世界。唐振常先生在其《饕餮集》(辽宁教育出版社,1995)中有一段很有意思的议论:

八大菜系中无潮州菜，大约以为可归入粤菜一系，此又不然。通行粤菜不能包括潮州菜的特点，凡食客皆知。试看香港市上，潮州菜馆林立，何不标粤菜馆而皆树潮州菜之名？昔日上海，潮州菜馆颇多，后来几近于无，近来才又抬头，尽管不地道，有的连工夫茶也没有。问之，答说，茶具没有准备好。虽然，上海人还是喜欢品尝。

在唐先生眼中，工夫茶已成为潮州菜的重要标志之一。

（七）武馆茶规

旧时的武馆都或多或少地带有帮会的色彩。明代既亡于清朝，民族主义的意识随之勃发。但在清廷的高压政策之下，其意识只能借助于民间秘密社团之形式而流传。孙中山先生在《建国方略·有志竟成》中说：

> 洪门者，创设于明朝遗老，起于康熙时代。……迨至康熙之世，清朝已盛，而明朝之忠烈，亦死亡殆尽。二三遗老，见大势已去，无可挽回，乃欲以民族主义之根苗，流传后代，故以"反清复明"为宗旨，结成团体，以待后有起者可藉为资助也。此殆洪门创设之本意也。然其事必当极为秘密，乃可防政府之觉察也。

广东是"洪门"之重要基地，而拳馆又多为洪门之据点与联络站，故拳馆中之规矩，包括旗帜、腰牌、誓词、祝文、口白、茶阵等，都有外人所不晓之定规，如茶阵中就有"忠奸茶"、"绝清茶"、"攻破紫金城茶"、"深州失散茶"等名目。据萧一山《近代秘密社会史料》卷六所载，"攻破紫金城茶阵"为：

攻破紫金城茶阵

三杯茶，有筷子一对在茶面上。可用手拈起筷子，说道"提枪夺马，便饮题诗"，诗曰：手执军器往城边，三人奋力上阵前，杀灭清兵开国转，保主登基万千年。

潮汕拳馆中的工夫茶，一般亦设左、中、右三杯以待客人，但上面不搁筷子。客人入门左边的称为主人茶，中间的称为老爷茶或叫师父茶，右边的称客人茶。主人敬茶，客人必须拿右边那一杯，如果该杯茶已被其他客人先端起，则须将左边的主人茶移到右边客人茶的位置以后，再端杯饮之，切不可端中间那杯师父茶。如若进馆便端师父茶，就表明来者有意闹事。此外，端茶杯时，杯脚亦切不要擦到茶盘边缘，若故意擦茶盘边，便表示要比试，若再刮，一场武斗可能会立即发生。

七、文　征

（一）文献选录

《蝶阶外史·工夫茶》（清·寄泉）

工夫茶，闽中最盛。茶产武夷诸山，采其芽，窨制如法。友人游闽归，述有某甲，家巨富，性嗜茶，厅事置玻璃瓮三十，日汲清泉，满一瓮，烹茶一壶，越日则不用，移置庖湢，别汲第二瓮。备用童子数人皆美秀，发齐额，率敏给供炉火。炉用不灰木，成极精致，中架无烟坚炭，数具，有发火机以引火焠之，扇以羽扇，焰腾腾灼矣。

壶皆宜兴砂质，龚春、时大彬不一式。每茶一壶，需炉铫三候汤：初沸蟹眼，再沸鱼眼，至连珠沸则熟矣。水生汤嫩，过熟汤老，恰到好处，颇不易。故谓天上一轮好月，人间中火候一瓯。好茶亦关缘法，不可幸致也。

第一铫水熟，注空壶中，荡之泼去；第二铫水已熟。预用器置茗叶，分两若干，立下壶中，注水，覆以盖，置铜盘内；第三铫水又熟，从壶顶灌之周四面，则茶香发矣。

瓯如黄酒卮，客至每人一瓯，含其涓滴咀嚼而玩味之，若一鼓而牛饮，即以为不知味，肃客出矣。

茶置大锡瓯，友人司之。瓶粘考据一篇，道茶之出处功效，啜之益人者何在，客能道所以，别烹嘉茗以进。其他中人之家，虽不能如某甲之精，然烹注之法则同，亦岁需洋银数十番云。

《清稗类钞·邱子明嗜工夫茶》（清·徐珂）

闽中盛行工夫茶，粤东亦有之，盖闽之汀、漳、泉、粤之潮，凡四府也。烹治之法，本诸陆羽《茶经》，而器具更精。炉形如截筒，高约一尺二寸，以细白泥为之。壶出宜兴者为最佳，圆体扁腹，努嘴曲柄，大者可受半升许。所用杯盘，多为花瓷，内外写山水人物极工致，类非近代物。炉及壶盘各一，惟杯之数，则视客之多寡。杯小而壶如满月，有以长方瓷盘置一壶四杯者，且有壶小如拳、杯小如胡桃者。此外尚有瓦铛、棕垫、纸扇、竹夹，制皆朴雅，壶盘与杯旧而佳者。先将泉水贮之铛，用细炭煎之初沸，投茶于壶而冲之，盖定，复遍浇其上，然后斟而细呷之。其饷客也，客至将啜茶，则取壶，先取凉水漂去茶叶尘滓，乃撮茶叶置之壶，注满沸水。既加盖，乃取沸水徐淋壶上，俟水将满盘，复以巾，久之，始去巾，注茶杯中，奉客。客必衔杯玩味，若饮稍急，主人必怒其不韵也。

闽人邱子明嗜笃之。其法，先置玻璃瓮于庭经月，辄汲新泉水满注一瓮，烹茶一壶，越宿即弃之，别汲以注第二瓮。侍僮数人供炉火，炉以不灰木制之。架无烟坚炭于中，有发火机，以器焠之，炽矣。壶皆宜兴砂质，每茶一壶，需炉铫三：汤初沸为蟹眼，再沸为鱼眼，至联珠沸而熟。汤有功效，过生则嫩，过熟则老，必如初写《黄庭》，恰到好处。其烹茶之次第：第一铫水熟，注空壶中，荡之泼去；第二铫水已熟，预置酌定分两之叶于壶，注水，以盖覆之，置壶于铜盘中；第三铫水又熟，从壶顶灌其壶四周，茶香发矣。注茶以瓯，甚小，客至饷一瓯，含其涓滴而咀嚼之。若能陈说茶之出处、功效，则更烹尤佳者以进。

《清稗类钞·某富翁嗜工夫茶》（清·徐珂）

潮州某富翁好茶尤甚，一日，有丐至，倚门立，睨翁而言曰："闻君家茶甚精，能见赐一杯否？"富翁哂曰："尔乞儿，亦解此乎？"丐曰："我曩亦富人，以茶破家，今妻孥犹在，赖行乞自活。"富人因斟茶与之。丐饮净，曰："茶固佳矣，惜未极醇厚，盖壶太新故也。吾有一壶，昔所常用，今每出必携，虽冻馁，未尝舍。"索观之，洵精绝，色黝然。启盖，则香气精冽，不觉爱慕。假以煎茶，味果清醇，迥异于常，因欲购之。丐曰："吾不能全售。此壶实价三千金，今当售半与君，君与吾一千五百金，取以布置家事，即可时至君斋，与君啜茗清淡，共享此壶，如何？"富翁欣然诺，丐取金归。自后果日至其家，烹茶对坐，若故交焉。

《潮州茶经·工夫茶》序（翁辉东）

新中国成立以来，京省人士，莅潮考察者，车无停轨。他们见到郡郊新出土之宋瓷以及唐宋之残碑遗碣，明代之建筑雕刻，民间之泥塑挑绣，称为美丽的潮州。其最叹服者，即为工夫茶之表现。他们说潮人习尚风雅，举措高超，无论嘉会盛宴，闲处寂居，商店工场，下至街边路侧，豆棚瓜下，每于百忙当中，抑或闲情逸致，无不借此泥炉砂铫，擎杯提壶，长斟短酌，以度此快活的人生。他们说，往昔曾过全国产茶之区，如龙井、武夷、祁门、六安，视其风俗，远不及潮人风雅，屡有可爱的潮州之叹。余经此提示，喜动中悰，乃仿唐竟陵陆羽所著，作《潮州茶经》以志其概。俾认识潮州者有同好焉。梓园叟识。

公元一九五七年　清明

人类嗜茶，殆与酒同。以为饮料，几遍世界。原因茶含单宁酸，具刺激性，能令人启迪思虑。更有文人高士，借为风雅逸致，凡在应酬交际，一经见面，即行献茶。在商业方面，亦赖茶为重要之输出品，揆之事实，茶于人类生活非但占重要性，以为饮料，已属特别；惟我潮人，独擅烹制，用茶良窳，争奢夺豪，酿成"工夫茶"三字，驰骋于域中，尤为特别中之特别。良辰清夜，危坐湛思，不无念及此杯中物，实有特别之素质与气味在。

工夫茶之特别处，不在茶之本质，而在茶具器皿之配备精良，以及闲情逸致之烹制。

潮地邻热带，气候常温，长年需饮以备蒸发。往昔民安物泰，土地肥美，世家巨族，野老诗人，好耽安逸，群以饮茶相夸尚，变本加厉。对于"茶质"、"水"、"火"、"用具"、"烹法"，着着研求，用于陶情悦性，消遣岁月。继则不惜重资，购买杯碟，已含玩弄骨董性质。所以工夫茶之驰誉域中，其原因多也。钱塘陈坤子厚，咏工夫茶诗云：

"何人曾识赵州来，品到茶经有别裁。不咏卢仝诗七碗，金茎沆露只闻杯。"

爰将工夫茶之构造条件胪列如下：

茶之本质：我国产茶名区，有祁门、六安、宁州、双井、弋阳、龙井、太湖、武夷、安溪，以及我潮之凤凰山、待诏山等。而茶之制法，则有红茶、砖茶、绿茶、焙茶、青茶等。茶之品种，则有碧螺春、白毛猴、铁观音、莲子心、老乌嘴、奇种乌龙、龙井等。潮人所嗜，在产区则为武夷、安溪，在泡制法则为绿茶、焙茶，在品种则为奇种、铁观音。

取水。评泉品水，陆羽早著于先。潮人取水，已有所本，考之《茶经》："山水为上，江水为中，井水其下。"又云："山顶泉轻清，山下泉重浊，石中泉清甘，沙中泉清洌，土中泉浑厚。流动者良，负阴者胜。山削泉寡，山秀泉神，真水无味。"甚且有天泉、天水、秋雨、梅雨、雪水、敲冰之别，潮人嗜饮之家，得品泉之神髓，每有不惮数十里，诣某山某坑取水，不避劳云。

活火。煮茶要件，水当先求，火也不后。苏东坡诗云："活水仍须活火烹"，活火者谓炭之有焰也。潮人煮茶多用绞只炭，以坚硬之木入窑室烧，木脂燃尽，烟嗅无存，敲之有声，碎之莹黑，以之熟茶，斯为上乘。更有橄榄核炭者，以乌榄剥肉去仁之核，入窑室烧，逐尽烟气，俨若煤屑，以之烧茶，焰活火匀，更为特别。他若松炭、杂炭、柴、草、煤等，不足以入工夫茶之炉矣。

茶具。《云溪友议》云："陆羽所造茶器，凡二十四事。"茶具讲究，自古已然，然此只系个人行为，高人逸士，每据为诗料，难言其普遍。潮人所用茶具，大体相同，不过以家资有无，精粗有别而已。今将各家饮茶所常备之器皿列下：

茶壶。俗名冲罐，以江苏宜兴砂泥制者为佳。其制肇于金砂寺老僧。而潮人最珍贵者，为孟臣、铁画轩、秋圃、小山、袁熙生等。壶之样式甚多新颖。即如壶腹款式，运刀刻字，亦在乐毅黄庭之间，人多宝贵之。壶之采用，宜小不宜大，宜浅不宜深，其大小之分，更以饮茶人数定之。爰有二人罐、三人罐、四人罐之别。其深浅则关系气味，浅能酿味，能留香，不蓄水，若去盖浮水，不颇不侧，谓之水平。覆壶而口嘴提柄皆平谓之三山齐。壶之色泽有朱砂、古铁、栗色、紫

泥、石黄、天青等，间有银砂闪烁者，乃以钢砂和制之，珠粒累累，俗谓之柚皮砂，更为珍贵，价同珙璧，所谓砂土与黄金争价，即指此也。壶之款式，有小如橘子，大如蜜柑者，有瓜形、柿形、菱形、鼓形、梅花形，又有六角形、栗子、圆珠、莲子、冠桥等。式样精美，巧妙玲珑，饶有风趣。

盖瓯。形如仰钟，而有上盖，下置于垫，俗名茶船，本为宦家各位供客自斟之器，潮人也采用之。或者客多稍忙，故以之代冲罐，为其出水快也。惟纳茶之法必与纳罐相同，不能颠顶。其逊于冲罐者，因瓯口阔不能留香，或因冲罐数冲之后稍嫌味薄，即将余茶掏于瓯中再冲，备饷多客，权宜为之，不视为常规也。

茶杯。茶杯以若深制者为佳，白地蓝花，底平口阔，杯背书"若深珍藏"四字。此外仍有精美小杯，径不及寸，建窑白瓷制者，质薄如纸，色洁如玉，盖不薄则不能起香，不洁则不能衬色。此外四季用杯，各有色别，春宜牛目杯，夏宜栗子杯，秋宜荷叶杯，冬宜仰钟杯。杯亦宜小宜浅，小则一啜而尽，浅则水不留底。（近人取景德制之喇叭杯，口阔脚尖，而深斟必仰首，数斟始罄，又有提柄之牛乳杯，均为讲工夫茶者所摒弃。）

茶洗。茶洗形如大碗，深浅式样甚多，贵重窑产，价也昂贵。烹茶之家，必备三个，一正二副，正洗用以浸茶杯，副洗一以浸冲罐，一以储茶渣暨杯盘弃水。

茶盘。茶盘宜宽宜平，宽则足容四杯，有圆如满月者，有方如棋枰者。底欲其平，缘欲其浅，饶州官窑所产素瓷青花者为最佳，龙泉、白定次之。

茶垫。如盘而小，径约三寸，用以置冲罐，承沸汤。式样夏日宜浅，冬日宜深，深则可容多汤，俾勿易冷。茶垫之底，托以垫毡，以秋瓜络为之，不生他味，毡毯旧布，剪成圆形，稍有不合矣。

水瓶。水瓶贮水以备烹茶，瓶修颈垂肩，平底，有提柄，素瓷青花者佳。有一种形似萝卜樽，束颈有嘴饰以螭龙，名螭龙樽（俗称钱龙樽）。

水钵。水钵为瓷制，款式也多。置于茶床之上，用于贮水，掏以椰瓢。有红金彩者，明代制物也，用五彩金釉，描金鱼二尾于钵底，水动时则金鱼泳跃，稀世奇珍也。

龙缸。龙缸可容多量坑河水，托以木几，置之斋侧，素瓷青花，气色盎然。有宣德年制者，然不可多得。康、乾年间所产，亦足见重。

红泥火炉。红泥小火炉，古用以温酒，潮人则用以煮茶，高六七寸。有一种高脚炉，高二尺余，下半部有格，可盛榄核炭，通风束火，作业甚便。

砂铫。砂铫俗名茶锅仔。沙泉清冽，故铫必砂制。枫溪名手所作，轻巧可喜。或用铜铫，锡铫，铝铫者，终不免生金属气味，不可用。

羽扇。羽扇用以扇炉。潮安金砂陈氏有自制羽扇，拣净白鹅翎为之，其大如掌，竹柄丝坠，柄长二尺，形态精雅。炉旁必附铜箸一对，以为钳炭、挑火之用，烹茗家所不可少。

潮州工夫茶话

此外茶罐锡盒，个数视所藏茶叶种类而定，有多至数十个者，大小兼备。名贵之茶须罐口紧闭。潮阳颜家所制锡器，有闻于时。又有茶巾，用于净涤器皿。竹箸，用于箝挑茶渣。茶桌，用于摆设茶具。茶担，可以装贮茶器。春秋佳日，登山游水，临流漱石，林壑清幽，呼奚童，肩茶担，席地烹茗，啜饮云腴，有如羲皇仙境。"工夫茶"具，已尽于此，饮茶之家，必须一一毕具，方可称为"工夫"；否则牛饮止渴，工夫茶云乎哉？

烹法。茶质、水、火、茶具，既一一讲求，苟烹制拙劣，亦何能语以工夫之道？是以工夫茶之收功，全在烹法。所以世胄之家，高雅之士，偶一烹茶应客，不论洗涤之微，纳洒之细，全由主人亲自主持，未敢轻易假人；一易生手，动见偾事。

治器。泥炉起火，砂铫掏水，煽炉，洁器，候火，淋杯。

纳茶。静候砂铫中有松涛飕飕声，泥炉初沸突起鱼眼时（以意度之，不可掀盖看也），即把砂铫提起，淋罐淋杯令热，再将砂铫置炉上。俟其火硕（老也，俗谓之硕），一面打开锡罐，倾茶于素纸上，分别粗细，取其最粗者，填于罐底滴口处，次用细末，填塞中层，另以稍粗之叶，撒于上面。谓之纳茶。纳不可太饱满，缘贵重茶叶；嫩芽紧卷，舒展力强，苟纳之过量，难容汤水，且液汁浓厚，味带苦涩，约七八成足矣，神明变化，此为初步。

候汤。《茶谱》云："不藉汤勋，何昭茶德。"《茶说》云："汤者茶之司命，见其沸如鱼目，微微有声，是为一沸，铫缘涌如连珠，是为二沸，腾波鼓浪，是为三沸。一沸太稚，谓之婴儿汤；三沸太老，谓百寿汤（老汤也不可用）。若水面浮珠，声若松涛，是为第二沸，正好之候也。"《大观茶论》云："凡用汤以鱼目、蟹眼连绎迸跃为度。"苏东坡煮茶诗："蟹眼已过鱼眼生。"潮俗深得此法。

冲点。取沸汤，揭罐盖，环壶口，缘壶边冲入，切忌直冲壶心，不可断续又不可迫促。铫宜提高倾注，始无涩滞之病。

刮沫。冲水必使满而忌溢，满时茶沫浮白，溢出壶面，提壶盖从壶口平刮之，沫即散坠，然后盖定。

淋罐。壶盖盖后，复以热汤遍淋壶上，以去其沫。壶外追热，则香味盈溢于壶中。

烫杯。淋罐已毕，仍必淋杯。淋杯之汤宜直注杯心，若误触边缘，恐有破裂。俗谓烧盅热罐，方能起香。

洒茶。茶叶纳后，淋罐淋杯，倾水，几番经过，正洒茶适当时候。缘洒不宜速，亦不宜迟。速则浸浸未透，香色不出，迟则香味迸出，茶色太浓，致味苦涩，全功尽废。洒则各杯轮匀，又必余沥全尽，两三洒后，覆转冲罐，俾滴尽之。洒茶既毕，乘热，人各一杯饮之。杯缘接唇，杯面迎鼻，香味齐到，一啜而尽，三嗅杯底，味云腴，餐秀美，芳香溢齿颊，甘泽润喉吻，神明凌霄汉，思想驰古今，境界至此，已得"工夫茶"三昧。

《功夫茶消寒第三集作》（清·黄钊）

潮人嗜茶，器具精细，手自烹瀹，名曰功夫茶。

维粤有潮茶奥区，武夷所产负以趋。
重价购得分两铢，纸封篛裹缄纱厨。
客来品茶慎勿粗，郑重出之夸功夫。
瓦盆柯杵非所须，白泥之炉光泽肤。
缀以绿字摹以朱，急箫铫沸声呜呜。
蟹眼鱼眼汤珍珠，饶州花瓷贮水盂。
器弗尚瓯杯则需，覆杯在盂共盘盂。
千金谛眒矜一壶，圆如朱橘丹砂涂。
藉棕作荐盘作匬，燀盏古诀今不殊。
沸水灌顶森醍醐，云花云叶腴不枯。

135

活水活火信不诬，杯仅一啜甘不渝。
玉川七碗嗤渴胡，潮与闽南好尚符。
带牛佩犊俗久汙，独于品茶工细娱。
细腻有若亲闺姝，功夫功夫防睡无？
铜铛汲水煎倭芺。

——《苜蓿集》卷五

（二）茶　谚

1. 种茶一二天，摘茶数百年。①
2. 春分发芽，清明摘茶。
3. 春茶唔（不）摘，夏茶唔生。
4. 头茶唔采，二茶唔发。
5. 采茶欲适时，曝茶着（须）看天，浪茶五过（遍）手，炒茶孬（不可）烧埝（叶边）。踏茶欲滚圆，焙茶着及时。
6. 好茶欲焖火薄焙。
7. 做茶窍，日生香，火生色。
8. 酒头茶尾最精华。
9. 茶头（赤叶）有如粗糠有粟。
10. 好茶不怕细品。
11. 茶与米，同在一起。
12. 宁可一日无米，不可一日无茶。
13. 一早开门七件事：柴米油盐酱醋茶。
14. 粗茶淡饭不喝酒，一定活到九十九。
15. 食茶唔烫嘴，输过食山坑水。②
16. 茶三酒四踢拖（游玩）二。③
17. 待客茶为先。
18. 茶好客常来。
19. 人情好，食水（茶水）甜。
20. 茶薄人情厚。
21. 寒夜客来茶当酒。
22. 茶郎送茶丈，送到日头上（日出）。④

23. 早茶晚酒。

24. 午茶提精神，晚茶难入眠。

25. 好茶一杯，精神百倍。

26. 浓茶能提神，香烟伴失眠。

27. 常喝茶，少蛀牙。

28. 水滚目汁（眼泪）流。⑤

29. 茶满欺负人，酒满敬亲人。⑥

30. 假力（勤快）洗茶渣。⑦

31. 一好皇帝个（的）阿爸，二好烧（热）茶嘴边哈，⑧三好浇水烫卵脬（阴囊）。

32. 茶无三推（让）。

33. 头过脚泄，二过茶叶，三过孬人食唔着。

注：

①栽一棵茶树，不过是一两天的活。茶树长成后，却有数百年收益。

②烫嘴，潮语方言，意谓茶汤要滚烫，才能享受到扑鼻的茶香和独特的山韵蜜味，否则不如喝清冽甘甜的山泉水。

③品茶三人，喝酒四人，旅游两人是最佳人数。

④郎：妇女对丈夫的爱称；又，青年男子自称。丈：对姑、姨、姐、妹之丈夫的敬称；又，对男性长辈的敬称。此处之"郎、丈"，似不必拘泥于亲戚关系，可泛指两位嗜茶的挚友。他们茶话至深夜，送别路上意犹未尽，互相送来送去，直到旭日东升还未到家。借此形容彼此间情谊浓厚、难分难舍。

⑤潮语称水沸腾为"水滚"。相传有白痴女婿前往岳父家祝寿，妻子嘱咐他要懂礼貌，他到岳父家后，舅子泡茶接待，每冲一轮都客气地说："请茶。"傻女婿牢记妻子的话，逢请必饮，妻舅见状，连忙换茶叶，泡了又泡。傻女婿肚里实在难受，看见壶里的水又开了，一想茶泡好后自己又不敢不喝，于是急得眼泪汪汪地哀叫："惨啊，水又滚了！"此谚的本意在于告诫人们：茶喝多了会得"茶醉"，切莫像傻女婿一样不知节制。后来演变成一句带有谐谑意味的茶座用语，意为：盛情的主人，茶事该告一段落了，再喝，我就和傻女婿一样要流眼泪了。

⑥斟茶入杯不能太满，斟满了会令人尴尬。

⑦勤快，潮语称为"力"。冲罐用久了，罐内沿会结成一层厚垢（潮人称"茶渣"），冲入开水，即使少放或不放茶叶，亦能泡出有一定色香味

的茶汤，所以至切不能洗掉。自以为勤快而把它清除掉，就会招来罐主人一声"假力洗茶渣"的诟骂。

⑧哈：饮；喝。宋人赵彦卫《云麓漫钞》卷一："（许翁翁）好作诗……'世味审知嚼素蜡，人情全似哈清茶。'"潮语"哈"音义与此同。

（三）茶　谣

潮州民谣中，全首直接描述茶事的虽较罕见，但从其某一片段甚至只言片语中，我们仍能感受到茶在潮汕民俗中的重要地位，因特予以选录，以见一斑。

唪咳①

唪咳，唪咳，阿兄去买茶，吩咐娘仔着经布②，吩咐细妹着纺纱。厝哩近路边，狗仔着知饲。咸菜哩着减③到够，唔够着买鱼仔、虾仔来相添。

①唪咳：蝉声，借指蝉。②经布：织布。③减：腌制。

月娘月唧云

月娘月唧云，半夜阿兄去搭船。一瓶好酒敬兄路，紧紧共兄讨红裙。红裙铰来十八腰，打扮细妹做新娘。新娘嫁在陇头西，三年四年唔曾来。大兄骑马去叫妹，二兄骑马等妹来。大嫂擎茶笑嘻嘻，二嫂擎茶嘴翘天。翘天哩待伊翘天，阿姑来无三二年。后园菜仔我父栽，大厅粟笞我父个。十二鹹瓮我母做，唔是二嫂随嫁来。

月　娘

月娘月光光。秀才郎，骑白马，过阴塘。阴塘水深深，船仔来载金。载无金，载观音。观音欲食好茶哩来煎（读"之鞍"），欲娶好嫽哩在冠陇山。冠陇姿娘会打扮，打扮儿夫去做官。去时草鞋共雨伞，来时白马挂金鞍。阔阔门楼缚马索，阔阔祠堂企旗杆。

竹　篙

竹篙摇摇好晾纱，盖瓯深深好冲茶。"先嫁之人未有仔，未嫁之

138

人仔先生。""过路君，过路君，你要呾话着思忖：前面原是我嫂嫂，后面亲姑抱亲孙。"

月　娘

月娘光光好挑蓬[1]，海底光光好掠鳗。茶叶好食茶心苦，贤妻唔畏劳[2]大官[3]。

月娘光光好纺纱，海底光光好掠虾。茶叶好食茶心苦，贤妇唔畏劳大家[4]。

①蓬（cuō，潮音〈此鞍〉）：借指插入皮肉中的"刺"。②劳（qiǎng，潮音〈戈央3〉）：强悍，精明。③大官：家公。④大家：家婆。

秋八月观神之七（请筶箕姑）

筶箕沙婆呵，今夜专请阿姑来踢拖[1]。阮有清茶共清笔[2]，清茶清笔清槟榔。槟榔槟榔槟，槟榔开花会遘[3]藤。阮个槟榔无分[4]恁，分阮筶姑正是亲。

①踢拖（潮音〈胎因4—胎窝5〉）：游玩。②笔：笔叶，裹槟榔蘸蛎灰共嚼之。③遘（dì，潮音俗读〈多娃6〉）：去，往。借指草木枝蔓纠结状。④分（bān，潮音〈波温1〉）：分给。

——以上据金天民《潮歌》（南大书局，1929）2002年8月重排本（金孟迟整理）

嫁仔嫁给读书人

望见东畔一点红，嫁仔嫁给落铺人。
脚踏铺窗食白米，嘴含槟榔齿脚红。
望见东畔一点星，嫁仔嫁给读书家。
脚踏书斋食白米，闲坐温存喝烧茶。

嫂　嫂

嫂嫂你个心勿生，如今乃是长长夜。
何用见着喝喝叫，胜似猴仔喝烧茶。

139

茶就茶

茶就茶，汤就汤，春景赏花到花园，夏景赏莲待玩雪，秋景菊花红白黄。

火夜姑①

火夜姑，人人圈②，圈你来食茶。茶未滚，偷抹粉。抹未白，偷舂麦。掠得着，打尻仓③。

①火夜姑——萤火虫。②圈——呼唤。③打尻仓——打屁股。

——据丘玉麟《潮州歌谣集》，香江出版有限公司，2003

（四）名人与工夫茶

真正的艺术，是没有边界的。潮人、闽南人喜欢工夫茶，外籍人亦不例外。

鲁迅说过："有好茶喝，会喝好茶，是一种清福。不过要享这清福，首先必须有工夫，其次是练习出来的特别感觉。"平时鲁迅是怎么喝茶的呢？

1957年，周作人在《关于鲁迅三数事》中写道：

鲁迅用的是旧方法，随时要喝茶，要用开水，所以他的房间里与别人不同，就是在三伏天，也还要火炉：这是一个炭钵，外有方架木匣，灰中放着铁三角架，以便安放开水壶。茶壶只是照例所谓急须，与潮汕人吃工夫茶所用的相仿，泡一壶茶只可供给两三个人各一杯罢了。因此，屡次加水，不久便淡了，便须换新茶叶。

鲁迅早年曾在厦门、广州教书，难怪他深晓工夫茶饮法。

巴金的妻子萧珊是浙江宁波人，不知从何处学得一手冲工夫茶的绝活。抗战胜利后，巴金经常在上海霞飞坊家里招待文友，以《受戒》出名的小说家汪曾祺就是他家当年的座客之一。他在《寻常茶话》中回忆说：

1946年冬，开明书店在绿杨村请客。饭后，我们到巴金先生家中喝工夫茶，几个人围着黄色的老式圆桌，看陈蕴珍（萧珊）表演濯器、炽炭、注水、淋壶、筛茶。每人喝了三小杯。我第一次喝工夫茶，印象深刻，这茶太酽了，只能喝三小杯。在座的除巴金夫妇，有靳以、黄裳。一转眼，43年了，靳以、萧珊都不在了。巴老衰病，大概没有喝一次工夫茶的兴致了。那套紫砂茶具大概亦不在了。

现在汪曾祺也已去世，假如不是他晚年写的这篇充满深情的回忆文章，我们恐怕就无从了解当年巴金夫妇这段工夫茶佚事了。

当代紫砂壶名家许四海于20世纪50年代曾在广东服兵役，据余玉霞《以壶为友　四海为家——访上海四海茶具博物馆》介绍：

潮汕地区喝工夫茶的风俗引起了他（许四海）的注意，他用以物易物的方式收集到不少名贵的紫砂壶。1980年退休回上海时随身带了整整两卡车壶类古董。后来他向宜兴制壶名师学艺，向收藏家唐云学画，自己动手制作紫砂壶，终于成为一代制壶名家。

另据沈嘉禄《壶缘——记许四海与文学大师巴金的交往》一文记述，1991年春天，为了给88岁的巴金先生祝寿，许四海特地制造一把仿曼生匏式壶请巴金题字，烧制完毕后再次拜访巴金。

这天，四海特地从家里带了一套紫砂茶具来，为巴金表演茶艺。巴金平时喝茶一向很随意，用的是白瓷杯。四海就用他常用的白瓷杯放入台湾朋友送给巴金的冻顶乌龙，方法亦一般，味道并不见得特别。然后他又取出紫砂茶具，按潮汕一带的冲泡法冲泡，还未喝，一股茶香已经从壶中飘出，再请巴金品尝，巴金边喝边说："没想到这茶还真听许大师的话，说香就香了。"又一连喝了好几盅，连连说"好喝，好喝"。

巴金于1946年和1991年两度喝工夫茶并被诉诸文字，前后相隔竟达45年。

澄海籍散文大家秦牧尝应邀为一本谈茶文化的书撰稿，题目就是《敝乡茶事甲天下》，他自豪地说：

我对饮酒是外行，而对饮茶之道则颇知奥妙，不但有话可说，而

潮汕文化丛书

七　文征

且介绍介绍觉得义不容辞。为什么？因为我的家乡潮汕一带，品茶的风气最盛，真可谓："散乡茶事甲天下。"我从小在这种风气的熏陶下，自然对品茶就懂得点门道了。……如果有人以为讲究品茶的只是有钱人家，那就大错特错了。在汕头，常见有小作坊、小卖摊的劳动者在路边泡工夫茶，农民工余时常几个人围着喝工夫茶，甚至上山挑果子的农民，在路亭休息时亦有端出水壶茶具，烧水泡茶的。从前潮州市里，尽管井水、自来水供应不缺，却有小贩在专门贩卖冲茶的山泉水。有一次我们到汕头看戏，招待者在台前居然也用小泥炉以炭升火烧水，泡茶请我们喝，这使我觉得太不习惯也怪不好意思了。那里托人办事，送的礼品往往亦就是茶。茶叶店里，买茶叶竟然有以"一泡"（一两的四分之一）为单位的，这更是举国所无的趣事。

潮州人连在筵席上亦不断喝茶。不是在餐前餐后喝，而是在菜上几道之后，就端上一盘茶来，然后，再上几菜，又喝一次。餐前餐后喝茶，更是不在话下的事了。

小说散文家林语堂天性随和、幽默，曾说："只要有一把茶壶，中国人到哪儿都是快乐的。"（《学习怎样吃》）他的《茶和交友》对茶有过详尽的描述：

茶炉大都置在窗前，用硬炭生火。主人很郑重地煽着炉火，注视着水壶中的热气。他用一个茶盘，很整齐地装着一个小泥茶壶和四个比咖啡杯小的茶杯，再将贮茶叶的锡罐安在茶盘的旁边，随口和来客谈天，但不忘了手中所应做的事。他时时顾着炉火，等到水壶中渐发沸声后，他就立在炉前不再离开，更加用力地煽火，还不时要揭开壶盖望一望，那时壶底已有小泡，名为"鱼眼"与"蟹沫"，这就是初沸。他重新盖上壶盖，再煽上几扇，壶中的沸声渐大，水面也渐起泡，这名为"二滚"。这时已有热气从壶口喷出来，主人也就格外注意，将届"三沸"壶水已经沸透之时，他就提起水壶，将小泥壶里外一浇，赶紧将茶叶加入泥壶，泡出茶来。这种茶如福建人所饮的"铁观音"，大都泡得很浓。小泥壶中只可容水四杯，茶叶占去其三分之一的容隙。因为茶叶加得很多，所以一泡之后，即可倒出来喝了。这一道茶已将壶水用尽，于是再灌入凉水，放到炉上煮，以供第二泡之用。严格说起来，茶在第二泡时为最妙。第一泡譬如一个十二三岁的幼女，第二泡为年龄恰当十六的女郎，而第三泡的茶不可复饮，但实际上，则享受这个"少妇"的人仍很多。

　　林语堂以白描手法记述了其家乡整个饮工夫茶过程，对掌握冲茶用水的描写尤其传神、细致。林语堂是福建龙溪人，对武夷岩茶及其冲泡法自然有相当的实践经验，他不无自豪地说："这个艺术是中国的北方人所不晓的。"而且还通过他的英文版畅销书《生活的艺术》，把工夫茶介绍给欧美各国。

　　散文作家梁实秋生前久居台北，对潮州工夫茶也有过深情的回忆。他在《雅舍小品·喝茶》中说："茶之以浓酽胜者莫过于工夫茶。《潮嘉风月记》说工夫茶要细炭初沸连壶带碗泼浇，斟而细呷之，气味芳烈。"接着他回忆青年时期旅居青岛在一个潮州巨商的店里饮茶的情景：

　　肆后有密室、茶具均极考究，小壶小盅有如玩具，更有委婉娈童侍候煮茶、烧烟，因此经常饱吃工夫茶，诸如铁观音、大红袍，吃了之后还携带几匣回家。不知是否故弄玄虚，谓炉火与茶具相距以七步为度，沸水之温度才合标准。举小盅而饮之，若饮罢径自返盅于盘，则主人不悦。须举盅至鼻头猛吸一两下。这茶最有解酒之功，如嚼橄榄，舌根微涩。数巡之后，好像是越喝越渴，欲罢不能。喝工夫茶，要有工夫细呷细品……

　　学者、杂文家何满子在其《五杂侃》杂文集中有一篇《工夫茶和活水》，叙说他在重庆饮工夫茶的情景：

　　四十年代在重庆，我曾遇一福建籍的饮茶老饕，此公是个银行家，生活阔绰，也颇附庸风雅。一次邀宴文士，饭后倡道："兄弟今天请各位来，不是为了吃饭，实是请来品茶。"于是，亲自到厨房去张罗烹水，取出十来把形制不同的小壶，带有各式小杯，令人想起《红楼梦》里尼姑妙玉在栊翠庵请宝、黛等人品茶派头。茶叶据说是空运来的武夷山铁观音。各壶放好茶叶后，集中在一个大漆盘中。此公将袖提瓦水铫，注目凝神，盘空轮注，如蜻蜓点水，各壶注遍，居然不洒一滴。又亲自把小壶逐一盖好，片刻，将沥上的头汁一一倾入一个个水盂，再点第二道，盖好壶盖后伫候几分钟，然后手一扬"请用！"

我也正如猪八戒吃人参果，只能跟着座客一同赞道："妙，妙!"主人谦逊道："其他嘛，都还过得去，今天就是火不理想。重庆的松柴炭太差，今天我是用的柳枝炭，未免逊色。不过这水倒是上品。"同座的梅林是广东客家人，也懂得点茶经，问道："这当然不是自来水，是积的雨水吧?"他犯了与林黛玉同样的错误。主人微微一笑："梅先生没品准。这是我上个月到成都去带回来的一坛薛涛井水。"

这段有趣的回忆，记下了大场面饮工夫茶的情况。

杭州籍的散文作家何为于1959年从上海电影制片厂调往福建制片厂任故事片编辑，在福州见到"闽南地区业余作者到省城修改剧本，随带小酒精炉烧开水，改稿时照烹工夫茶不误，怡然自得，不禁为之惊叹"。这位原本喜爱家乡龙井茶的作家从此对工夫茶亦嗜之成习，并将其形诸文字：

潮州工夫茶话

> 到闽南一带作客时，主人辄以工夫茶奉客：先将乌龙茶装满茶壶，注入沸水后加盖，再取沸水遍淋壶外。此时茶香四溢，乃端壶缓缓斟茶，挨次数匝入杯内，必使每杯茶汤浓淡相宜。饮茶时先赏玩茶具，次闻茶香，然后细口啜之。这一番过程便足以陶冶性情，更不用说那小盅里精灵似的浓酽茶汤了。

同样是杭州籍的女作家叶文玲在《茶之境》中描述她在台湾"五更鼓茶馆"饮工夫茶的情状：

> 主人祖籍福建，他又自小居住台湾，普通话只是大体听懂而不会说。于是，我们去的文友、一位杭州籍的诗人便成了翻译和半个主人。当一张茶桌布置停当，一只只小到不盈一握的茶盅、茶具摆上来时，我才明白主人今晚请饮的是乌龙茶。一见那茶具，私心里便很为我们的龙井茶抱屈，心想连那位自称"半个主人和半个杭州人"的诗人，为什么亦舍龙井而选乌龙呢?不是茶家的我，虽然从前也偶尔尝过乌龙茶，但也只是一般地泡喝，和泡别的茶没有什么两样，这一回算是真正见识了乌龙茶的正规喝法。却原来喝乌龙茶就是要这般小到不盈一握的茶具，就是要一小壶一小壶地在炭火上泡煮，就是要这种一次只能抿一口的小盅，才厮磨得出细品慢咽的功夫。而友人们难得相聚时天南海北的无穷话题，那种只凭一脉文缘便相知相熟的自在悠闲情

味，也就在这一壶壶一盅盅的茶话中，一点点地一口口地品味出来了。

文人笔下的工夫茶，均充满情趣与韵致。他们都对工夫茶甚感兴趣以至亲身践履，乐而不疲。限于篇幅，我们无法将各种珍闻一一列举，但仅从上述数例，我们已能多少了解到工夫茶在全国各地流行、传布的情状。随着社会的发展、文化交流的增强和信息传播手段的日趋完善，工夫茶这一中华茶文化中的奇葩，必将愈来愈为世人所了解、熟悉，从而留下更多的佳话、美谈。

潮汕文化丛书

七 文 征

参考文献

1. 吴觉农. 茶经述评. 北京：农业出版社，1987

2. 刘昭瑞. 中国古代饮茶艺术. 西安：陕西人民出版社，1987

3. 傅树勤，欧阳勋. 陆羽茶经译注. 武汉：湖北人民出版社，1983

4. 陈宝懋. 中国茶经. 上海：上海文化出版社，1993

5. 刘修明. 中国古代的饮茶与茶馆. 北京：商务印书馆国际有限公司，1995

6. 陈椽. 论茶与文化. 北京：农业出版社，1993

7. 王玲. 中国茶文化. 北京：中国书店，1995

8. 孔宪乐. 中外茶事. 上海：上海文化出版社，1993

9. 吴觉农. 中国地方志茶叶历史资料选辑. 北京：农业出版社，1990

10. 胡山源. 古今茶事. 上海：上海书店（据世界书局 1941 年版重印），1992

11. （清）俞蛟. 梦厂杂著. 上海：上海古籍出版社，1988

12. 黄挺. 潮汕文化源流. 广州：广东高等教育出版社，1997

13. 陈香白. 潮州工夫茶概论. 汕头：汕头大学出版社，1997

14. 王从仁. 玉泉清茗. 上海：上海古籍出版社，1991

15. 中国农业百科全书·茶业卷. 北京：农业出版社，1988

16. 江西省社科院. 农业考古·中国茶文化专号，2003（4）

17. 黄光武. 工夫茶与工夫茶道. 潮学，1995（7）

18. 萧一山. 近代秘密社会史料. 上海：上海文艺出版社影印本，1991

19. 阮浩耕. 品茶录. 杭州：杭州出版社，2005

20. 叶汉钟，黄柏梓. 凤凰单丛. 北京：文化出版社，2009

21. 郭马风. 潮汕茶话. 广州：广东人民出版社，2006

22. ［日］冈仓天心. 说茶. 张唤民译. 北京：百花文艺出版社，2003

23. 滕军著，［日］千宗室审订. 日本茶道文化概论. 北京：东方出版社，1997

24. 张新民. 潮菜天下. 济南：山东画报出版社，2006

25. 沈冬梅. 茶与宋代社会生活. 北京：中国社会科学出版社，2007

潮汕文化丛书

参考文献

后 记

　　本书系由拙著《潮州工夫茶》（花城出版社，1999）加以增订而成，书中补入"茶叶篇"（叶汉钟先生撰写）、"茶俗篇"及"文征"等章节，以期对潮州工夫茶有更全面的介绍。

　　撰写过程中，蒙杨树彬、陈贤武先生提供相关资料，谨致衷心感谢。

　　由于成书仓促，加以识见所限，书中错讹在所难免，尚望读者批评、指教。

曾楚楠

2010 年 12 月 30 日于潮州拙庵